U0621500

100

小时
逻辑思考课

如何成为一个会解决问题的人

实战！問題解決法

[日] **大前研一**
(OHMAE KENICHI)

[日] **斋藤显一** ◎ 著
(SAITO KENICHI)

韩净 ◎ 译

吉林出版集团股份有限公司

JISSEN! MONDAI KAIKETSUHOU

by Kenichi OHMAE, Kenichi SAITO

©2007 Kenichi OHMAE, Kenichi SAITO

All rights reserved.

Original Japanese edition published by SHOGAKUKAN.

Chinese translation rights in China (excluding Hong Kong, Macao and

Taiwan) arranged with SHOGAKUKAN

through Shanghai Viz Communication Inc.

吉林省版权局著作合同登记号　图字：07–2018–0013

图书在版编目（CIP）数据

100 小时逻辑思考课 /（日）大前研一，（日）斋藤显
一著；韩净译 . -- 长春 : 吉林出版集团股份有限公司，
2018.9

ISBN 978–7–5581–5811–7

Ⅰ . ① 1… Ⅱ . ①大… ②斋… ③韩… Ⅲ . ①逻辑思
维—通俗读物 Ⅳ . ① B804.1–49

中国版本图书馆 CIP 数据核字（2018）第 239899 号

100 XIAOSHI LUOJI SIKAO KE
100 小时逻辑思考课

著　　者：［日］大前研一　［日］斋藤显一
译　　者：韩　净
出版策划：孙　昶
责任编辑：徐巧智　姜婷婷
封面设计：异一设计
出　　版：吉林出版集团股份有限公司
　　　　　　（长春市人民大街 4646 号，邮政编码：130021）
发　　行：吉林出版集团译文图书经营有限公司
　　　　　　（https://shop34896900.taobao.com）
电　　话：总编办 0431-85656951　营销部 0431-85671728 / 85671730
印　　刷：天津旭丰源印刷有限公司
开　　本：880 毫米 ×1230 毫米　1/32
印　　张：8
字　　数：180 千字
版　　次：2018 年 9 月第 1 版
印　　次：2019 年 10 月第 2 次印刷
印　　数：2 001—7 000 册
书　　号：ISBN 978-7-5581-5811-7
定　　价：45.00 元

若发现印装质量问题，影响阅读，请与印刷厂联系调换。电话：022-82573686

目　录
Contents

解决问题最基本的方法——逻辑思考法

近 30 年来，我一直作为一名经营顾问从侧面助力企业的发展。根据亲身体验，我编写了学习方案——《经营管理者培训方案和解决问题必备的技巧课程》，这个课程凝聚了逻辑思考解决问题法（问题 Problem、解决 Solving 和探索 Approach，简称 PSA）的技术诀窍。

在麦肯锡咨询公司东京事务所任职期间，我录用并培养了 500 多名顾问，但是有一件事情迫使我下决心做出改变。当时，美国麦肯锡公司从以哈佛商学院为代表的一批世界一流商学院录用了大量新员工，而日本不可能从商学院录用大量新员工。于是，东京事务所只能录用应届毕业生。但是，即便这样，我也要求他们必须具备与世界各地的麦肯锡同等要求的能力。因此，我以面对新问题时的解决法（即逻辑思考解决问题法）为重点，制订了可靠的新员工培训方案，并开展了严格的训练。

1995 年，我离开了麦肯锡公司，但是我的"弟子"们每次来拜访我时，都会异口同声地说道：

"大前老师，您当时的训练，我们直到现在还是很受用，无论到什么地方，都能用到。我们非常感谢您。"

最近，出身于麦肯锡或现在仍就职于麦肯锡的人，相继出版了介绍麦肯锡方法的书。这些作品大多是介绍逻辑思考法（理论性思考）和问题解决法的。因此，我经常会被问："麦肯锡式的问题解决法究竟是怎样的？"麦肯锡式的问题解决法不仅是按目的分类的基础技法，如商品市场战略和证券组合方面的经营管理法或技术管理法，更是基础问题的解决技法。长期以来，这套技法仅仅在东京事务所内部使用。所以，迄今为止，并不存在体系性汇总的"指南书"。

但是，如今已经出现了许多本介绍麦肯锡式问题解决法的书，人们对它们的关心不亚于对 MBA（工商管理硕士）和 CPA（美国公认会计师）等资格证的关心。这是因为很多职场人士几乎没有接受过关于问题解决的训练，而且考虑到现在世界经济的状况，必须培养世界通用的人才。这种需求日益强烈。

如今，很多职场人士会给自己贴上身价标签，如"我具备这种技巧，所以我才会获得这样的年薪"等。如果他们不贴这类标签，就难以生存。但是，在很多企业中，作为全能型人才培养的大多数普通职场人士都没有这种身价标签。因此，在企业社会中，对于自我投资或人才投资的呼声日趋强烈。

实际上，我经营的几家企业——卫星广播商业直通频道"BBT（Business Breakthrough）"（SKY Perfec TV! 757ch）、面向高层管理者的电脑训练场"大前经营学堂"、创业家培育学校"创业者商业学校（Attackers Business School）"，会频繁地收到听者和学员们的提问："究竟怎样做才能掌握基础的问题解决法的技巧呢？"每当听到这种声音，我就会想：有一天，我一定要把我在麦肯锡工作期间制作的新员工培训方案展示给大家看。

时至今日，机会终于来临了。在我的得意学生斋藤显一（ForeSight & Company 董事长）的全力协助下，我编写了本书，它凝聚了所有想要掌握问题解决法的人所需"基础篇"的精华。本书的适用对象十分广泛：从大学 3 年级的学生到刚刚进入社会的应届毕业生，甚至企业管理者。齐藤先生是麦肯锡东京事务所录用的第一位应届毕业生，而且他独自接受了公司内部的培训，称得上是公司内部培训道路上的先行者，也是最值得我信赖的人。本书约有 100 学时的培训方案，采用最新的数据，正所谓革新性的资料。已经结束培训的人都绝对支持他的讲座。关于这一点，相信大家读完本书后，都会恍然领悟。

《经营管理者培训方案和解决问题必备的技巧课程》课程总学时原本约 100 个小时，其中讲义约 50 个小时，小组研讨约 50 个小时，学员全程学习大约需要一年时间。但是，为了让大家判断其中的内容和有没有花费一年的时间来学习的价值，所以这次将其汇总为本书。对于真心想掌握这项能力的人，还请咨询"BBT"，通过在线学习的方式收听或收看所有讲座。每年学员只需消化一点点（约 100 个小时），历时四年即可具备高层管理者的素养。这是我们开设这门课程的目的。

你能从这堂课程中学到什么

下面我们将说明《经营管理者培训方案和解决问题必备的技巧课程》的特点及各个阶段要学习的内容。

在公司中，所谓的问题，其实并没有那么多。存在很多问题的情况少之又少，大多是同一个问题在不同场合以不同的形式在作怪。所以，要想解决问题，首先就要找出最重要的问题，然后制订相应的解决对策。

初级《解决问题必备的技巧课程》中提供的解决问题所需的基本行动技能，是数据的收集与分析、提取真正问题的手段、理论性展开问题的方法、表现问题的方法，以及将其汇总并向别人解说的演示方法。整个课程以上述基本行动为中心。虽然收集、分析后的数据会以表格、图片的形式展现，但此项工作并不简单，也不容小觑。小组成员必须学习制作表格、绘制图片的方法，给人以"原来如此，看到表格方才明白，看到图片方才顿悟"的感觉。

教学大纲由讲义和小组研讨组成，内容尽量分割为较短的篇幅，通过小组研讨来确认讲义的内容是否被充分理解。通过小组研讨，旨在实现自身独特风格的分析和演示以及展示给大家的目的。换句话说，当被上司或社长问"你觉得我们公司的业绩不尽如人意的原因是什么"时，正如经营顾问那样，能够在短时间内发现问题，并说明原因和证据。

学习完初级课程后，你就能进行简单的分析，无论面对怎样的问题，都不再有畏惧心理。从此，你就得到了一种"商业武器"——不同于他人的独特的问题解决能力。正式学习完这门课程后，如果能通过规定的考试，就能够获得由终生学习开发财团认证的《经营管理指导师3级》资格证书。当然，你也可以将其写入简历中，作为一种身份标签。

中级《解决问题实战技巧课程》的所有讲座（包含小组研讨），同样为100多个小时。在此阶段，我们会掌握问题解决法的核心：寻找解决本质问题所需的最有效手段，制订具体的实施计划。这个讲座在综合管理项目经理以及发动人员时，发挥着重要作用。

但是，仅有一身技术还无法成为经营者。高层管理者不仅需要具备分析技术等硬技巧，还需要具备软技巧。例如：如何发动人员、如何评价、如何向顾客推销本公司的产品和服务、合资等情况下如何与对方交涉等。

按照我的计算方法，从大学3年级开始接受此培训，一年学习一门课程，到20多岁后半期，应该就能胜任社长的工作。实际上，这是世界标准，世界上的企业几乎都是这样训练员工的。所以，年轻的经营者才有能力稳定地经营企业。

另一方面，大多数企业会让员工长时间负责狭窄领域的业务，因此，即使他们到了四五十岁，让他们担负管理整个公司的重任，大多也会出现或不懂财务，或不懂人事，或不懂分析企业和业界的技术等情况，从而无法做好高层管理者的工作。

我想让每一个职场人士都与世界标准看齐，想让他们在30岁左右就能以高层的视角和实力解决问题，想让他们有能力胜任一项工作，想让他们有能力创造新的事业。正是由于满怀这种想法，我编制了《经营管理者培训方案和解决问题必备的技巧课程》。但是，也有很多年轻人向我反映，无法保证一年的学习时间。所以，本次同时受到小学馆的邀请，决定以书的形式编制介绍版，也就是本书。今后，还请大家习惯在线学习。如果能助你走上高层管理者的道路，我将不胜荣幸。

大前研一

第 1 部分

第 1 课

逻辑思考法是解决问题的工具

逻辑思考：探索、思考、解决问题

在我看来，"信息技术思维"是世界通用的无国界的逻辑（理论性）思维。那么，为了使人们具备世界通用的无国界的逻辑思维，教育工作应当如何开展呢？

我认为无外乎以下两点：一是确立逻辑思考法（理论性思考）的思路，二是综合掌握英语等语言学和信息技术。

逻辑思考法是一种理论性地思考事物的思路。面对新问题和没有先例的问题时，只是全部记住答案后获取的这类"知识"，没有任何作用。我们必须做到——以获取的信息为基础，并且结合自身独特的探索、理论性的思考，从而找出答案，最终解决问题。逻辑思考法就是达到这个目标的基础。它是未来职场中最为重要的技术，也是身为社会成员必须具备的一项技能。

很多人重视的只是"首先要得出答案，然后如何迅速地记忆答案"这种模式。全部记下方程式，只需要将数据填进去，就能够迅速得出答案。他们或许能成为考试的赢家，但是，回顾过去的实例可知，他们进入社会之后犯重大错误的概率也很高。

我们不妨来问问当今社会的人，看看他们进入社会后，都用到了从学校里学到的哪些知识。例如：用过"鸡兔同笼算法"吗？用过"对数"吗？用过"微积分"吗？大概大多数的人会回答除了加减乘除，其他的都没有用过。换个角度来说，一些学校传授了很多在工作和生活中用不到的知识。

另一方面，对于进入社会后必须使用的技能，学校也并未给予充分的训练。语言学自不必说了，虽然学校也在以某种形式传授逻辑思考法和最近经常谈到的信息技术，但是几乎没有被学生们吸收，并将其转变为自己的能力。这正是教育的缺失。

除此之外，最近一些教育机构和教育工作者都在研讨一些愚蠢可笑的事情。例如，把圆周率 π 由 3.14 改为 3，要不要传授梯形面积的求取公式等。这与教育的初衷背道而驰。

例如，只要记住了长方形面积的求取方法（长 × 宽），不仅仅是梯形，所有多边形的面积都可以计算出来，因为所有的形状都是三角形的组合。然后将两个相同的三角形组合在一起，就能得到一个平行四边形（长方形），按底边 × 高（长 × 宽），就能得出两个三角形的面积，那么一个三角形的面积即为其 1/2。同理，求梯形的面积也可以按照三角形的组合来考虑，按顺序推算，即可导出"（上底 + 下底）× 高 ÷ 2"这个计算公式。

但是，唯有一种图形不能用这种方法计算面积——圆。无论将圆细分为多少个三角形，总会留有被曲线包围的部分。所以，用这种方法计算，一定不能得出答案。

因此，我们才会毫无理由（无前提）地加入一个 π，使用 π × r²（r 为圆的半径）这个计算公式。换句话说，这里重要的是传授 π 的概念，而不是传授 π 是 3 还是 3.14，π 的数值是多少一点儿都不重要。四边形的面积由长 × 宽求得，圆的面积使用 π 求得。只要记住这两个公式，随后举一反三，灵活运用，其他所有图形的面积就都能顺利算出。传授这些道理，才是教育最本质的意义。

当然，这个理论并不仅限于面积的求取方法。人们一旦接受了这种教育，只要学到了基本的理论，无论遇到什么事情，就都能将其运用到所有类似的情况中。无论遇到什么问题，回归原位，重新探索，最终就能找到答案。这种能力才是在社会上最能发挥作用的能力，同时也是逻辑思考法以及商业中不可或缺的"问题解决法"的基础。一技在手，难题无忧。只要掌握了这种能力，无论多么难的问题，都能迎刃而解。例如，电磁学中有一个最基本的方程式，叫作"麦克斯韦方程"。真正有能力的人，只要学会了这个方程式，其他的方程式都可以由此推算出来，所以无须再记忆其他的方程式。然而，这类人考试的成绩往往很差。大概是因为从基本的原理展开计算，需要花费较长的时间，所以无法在有限的时间内得出答案。但是，也正是这类人才会成为社会上的赢家。因为进入社会后，在解决问题时，是没有严格的时间限制的。

任何问题都要从问题的本质开始思考

教育的目的原本就是如此。我第一次认识到这一点是在麻省理工学院留学时学习的博士课程上。在麻省理工学院的同学中，有一位非常聪明的瑞士人，名叫汉斯·维德玛。他后来就职于麦肯锡咨询公司，与我一起成为董事。他有一个"毛病"，就是无论什么事情都要从本质开始研讨，如果有人先说出答案和结论，他就会非常生气。他虽然很优秀，但是掌握窍门的能力很差，即使是计算，也要从最基本的公式（如麦克斯韦方程）开始推算，如果不使用大量的纸，他都无法计算出复杂的公式。也正因为如此，他考试的成绩很差。但是，无论怎样的难题，他都务必要得出一个答案，这令我很惊讶。我想，爱因斯坦大概就是这样的人吧。

一位名叫罗伯特·弗雷德里克森的美国人也是如此——一切从原理出发。他一定要站到黑板前面，花费时间不慌不忙地来解答难题。即使是在十分忙碌的期末考试期间，他也会去看新奥尔良的嘉年华。当我们都拼命地在图书馆学习时，他会和女友去游玩。即使这样，他的成绩也总是班里的第一名，而且在参与班级内部的研讨时，他还担当着本质论者的角色，发表了许多独创性的见解。因此，他在班里最受尊敬。我在其他地方几乎从未见过像维德玛和弗雷德里克森这样的人。我深切地感受到，就是这样的一群人一路推动着美国科学和经济的发展，引领着美国国家航空航天局不断前进。

最终，包括我在内的许多人，只要知道了答案，就能赢得别人的尊敬。但是，仅仅过了半年，我们便失去了让别人尊敬的光环。而不需要知道答案，就能够明白得到答案的一系列流程，才能够成为出色的领导者。有些人一味地参阅"攻略书"得出答案，自然不能对流程进行说明。真正的领导者能够组织好思考的逻辑，进而向周围的人讲解其流程。换句话说，如果不是能够展现探索思路的人，就不能胜任领导者这个角色。这是教育的极大差距。

我在进入麻省理工学院学习的第一年，就开始关注维德玛和弗雷德里克森的过人之处，并感叹："真厉害啊！"第二年我就开始自我改造，目标是无论遇到什么难题，都能从最本质的问题展开思考。第三年我就逐渐具备了领导能力。在那之后，我从"日立制作所"的核反应器设计者跳槽为麦肯锡的经营顾问。在麦肯锡公司来自世界各地的6000多人的组织中，我被由7人组成的最高裁决机关执行委员会推选为最年轻的经营顾问。为什么我会有如此高的成就呢？原因只有一个，我在麻省理工学院接受了逻辑思考法的基础训练，并掌握了两种能力——一种是无论遇到什么事情，都能从最基本的原理展开应用，另一种是回归原位，重新探索，务必得出答案。

逻辑思考法的基础是亚里士多德的理论学说。亚里士多德的理论学说使用"A=B、B=C，所以A=C"这个逻辑（理论）。此外，它还包括以下理论：如果将整体视为 T，其由 A 和 B 组成，那么就没有其他的遗漏和重叠，也就是"非 A 即 B，非 B 即 A"这个"二律背反"的理论。这两大理论是逻辑思考的精髓，是世界上不变的真理。

正因为如此，逻辑思考法通用于世界各地。逻辑是世界共通的语言，世界上所有的人都能理解。由于我采用了这种探索，所以作为经营顾问，无论在世界上哪个国家进行研讨、演讲或出书，都能让大家理解。

把逻辑思考法当成解决问题的工具

下面我们来说明一下语言学和信息技术。语言学和信息技术非常相似，两者都是越早开始学习越好，而且两者都不属于"知识"，而是无国界交流、无国界工作所需的"手段"。它们本身不是学科，只是一种单纯的、运用自如才能发挥作用的工具。

然而，很多时候我们的教育却试图将语言学和信息技术作为一种知识来传授。在这种教育方法下，只有早已得知答案并尽快将其牢记的人才能获胜。

说到底，将仅仅是一种工具的语言学和信息技术设定为一门学科，并将其作为"〇 × 式"①教育方法的对象，本身就是一种错误。

——————————

① 在日本教育中，"正确"用"〇"表示，"错误"用"×"表示。

工具的使用方法因人而异，所以无所谓对错，仅有"擅长"与"不擅长"的区别。正是因为将其作为"○×式"教育方法的对象，它才没有成为一种工具。

英语取消"○×式"教育方法的时代正悄然来临。我认为如果不进行这种实践性训练，就不能将英语作为一种工具掌握。此外，进行信息技术教育时，也不应该将其作为一门学科传授，而应该从刚开始就让学员接触电脑，体验因特网、文字处理器和电子表格计算等。

通常，工具分为能够使用的工具和不能够使用的工具两种，而"能够被使用才是王道"。因此，语言学和信息技术教育中，必须将"每天都能够被使用"这个条件作为重中之重。即使考试时答案全部正确，如果不是每天都能使用，脑子也会"生锈"迟钝。这就是所谓的工具。

21世纪是标准答案无处可寻的时代。文明冲突四起，即使在美国，也寻找不到标准答案。在这样一个时代中，只能在逻辑的世界里说服他人。如今，如果只是拼记忆，"谷歌"等因特网的搜索引擎必然取胜。但是，与单纯地将知识堆积罗列的人相比，确立逻辑思考法的流程并掌握语言学和信息技术的人绝对更占优势。培育这样的人才，才是21世纪教育的目标。

把 PSA 式逻辑思考解决问题法作为组织和团队运行通用的行为模式

在当今这个瞬息万变的时代，正需要依靠战略性的思考取胜。

但是，这种技巧并非与生俱来，并不能自然而然地掌握。

首先，要找出问题点在哪里。其次，要考虑解决这个问题需要采取哪些行动。这种自己寻找答案的方法论才是逻辑思考解决问题法（PSA）。在书店的商业书角落里，与 PSA 相关的书籍也逐渐随处可见。虽说如此，PSA 也并不是突如其来、横空出世。那么，PSA 到底是如何被体系化的呢？

◆我们并不擅长通过逻辑思考解决问题

很多职场人士最欠缺的能力是通过思考发现并解决问题的"问题解决技巧"。要想解决问题，首先，必须正确思考自己所在的公司、所从事的事业、工作中应该解决的问题是什么。其次，对这个问题反复提出质疑，直至找到答案。如此一来，就能搞清楚导致问题的本质原因，从而建立解决问题的对策。那么，该如何发现问题、提出质疑并寻找答案呢？找出通向解决问题对策的道路，需要的正是 PSA 这项技术。然而，很多职场人士却非常不擅长这种技术。

那么，难道我们不具备掌握用逻辑思考法解决问题的资质吗？事实并非如此。因为很多企业曾经在制造部门开展了许多活动：QC（质量管理）/TQC（全面质量管理）、ZD（Zero Defects，即"零缺陷"）运动、VA（价值分析）/VE（价值工程）。

QC/TQC 起源于美国电话电报公司（AT&T）等美国企业，是一种集质量开发、保持、改善所需的方法为一体的体系。ZD 运动也起源于美国。1962 年，美国的马丁·马瑞塔公司收到美国国防部的导弹订单，虽然交货日期足足缩短了两周，但他们还是保质保量地完成了导弹生产，没有出现任何差错。在不降低质量的前提下削减成本就需要 VA 和 VE，其发祥地也是美国。

换句话说，这些质量改善运动和生产率改善法都诞生于美国。然而，不知为什么，这些方法体系的发源地——美国——却将其遗忘了，而 20 世纪七八十年代的日本受人工成本上涨和日元升值的影响，不得不进行彻底的生产率改善时，才让这些方法体系在日本根深蒂固。

例如，我曾经就职的"日立制作所"一度全员开展 ZD 运动，就像举办年中活动一样，在厂长和社长面前举办事例发表大会。其目的是彻底追查导致缺陷的原因，尽量从上游环节遏制问题出现。将其发挥得淋漓尽致的是"准时制"——清除库存，追求合理化直至极限的丰田汽车的"看板方式"。

这里很重要的一点是，日本工厂导入的 QC/TQC、ZD 运动、VA/VE 的探索是极其科学的。它采用逻辑思考（理论性思考）和统计学法，以事实而不是人的意见为依据建立假设，并进行实际验证。这个探索正是 PSA，分毫不差。因此，如果说我们不具备 PSA 的资质，那是不可能的。只要经过良好的训练，每个人一定能够做到。

然而，在泡沫期之后的"魔鬼 15 年""失去的 10 年"期间，不知为什么，很多企业竟忘记了这种做法。如今，一些企业更是迷失了前进的方向，开始焦躁不安，或不进行全面的考虑，就试图改善或努力降低成本，最终演变为"如果不能在国内维持生产，那就转向他国"这种简单粗暴的想法。为什么 PSA 式逻辑思考解决问题法会在一些企业消失呢？其原因有以下四点：

第一，彻底推进 QC/TQC、ZD 运动、VA/VE 等活动时，改善效果并不明显，甚至还达不到同等改善方法的效果。事实的确如此。原来的生产率改善方法可以达到边际效用，反观推进 QC/TQC、ZD 运动、VA/VE 等活动之后的效果，则不尽人意。如果想取得根本性改善，只能导入与原来完全不同的方法，如灵活运用信息技术的供应链管理（从原材料到库存，综合管理产品）、CRM（客户关系管理）、SFA（销售团队支援工具）、CTI（通过通信线路管理顾客的方法）等。但是，QC 和 ZD 等运动本身的思考法，如今仍然能够充分使用。对出现缺陷的原因进行终极分析并追查，一发制胜，建立假设验证事实，寻求证据，向正确的方向靠近——这种思考法并没有错误，只是将其作为一种方法使用时，人们对于方法本身的厌恶情感扩大了。因此，从某种意义上说，制造部门内的 PSA 式逻辑思考解决问题法被埋没了。

第二，在提高生产率的过程中，自动化装置进入工厂，大部分的工作都由机械来完成。迄今为止，尽管企业一边分析生产线上操作人员的习惯，一边花费心血制订生产改善计划，但是结果令人大跌眼镜。通过导入完全不会出现缺陷的半导体制造装置（分档机）和印刷电路板的表面实装装置等，机械就能将问题全部解决，从而使传统的生产率改善方法从企业中消失。

第三，高层不再像年轻时那样充满能量、全情投入，也不再关心质量管理和生产率改善等工作内容，而是将工作委托给下属。当然，现在也有公司在做 QC/TQC、ZD 运动、VA/VE，由于没有高层带头的氛围，也非常形式化。从经营的角度来说，其担当的角色等级下降了两三级，结果是，PSA式逻辑思考解决问题法从公司的价值观中消失了。

第四，20世纪七八十年代，PSA式逻辑思考解决问题法仅仅进入了制造部门，当时完全没有介入销售、财会、设计、采购等白领主导的行政职能部门。而前文出现的供应链管理、CRM、SFA、CTI正是行政职能部门开展的PSA式逻辑思考解决问题法。经常会有人说："从美国引进的这个系统真是难啊。"但是，许多企业的行政职能部门没有用PSA式逻辑思考解决问题法的经验。这个小问题很好解决——只要把制造部门使用的思考法应用到行政职能部门就可以了。

◆ **养成探索"根本问题出在哪里"的习惯**

近几年，日本从一个以制造业为中心的国家转变为服务产业国家，就业人口的70%以上从事服务行业。即便是制造商的公司内部，白领员工占比也高达70%以上。这些人不仅从来不认为工厂中使用的问题解决法能够应用到自己的工作中，也从来没有试用过。因此，尽管他们曾经具备使用这种方法的能力，但是至少在过去15年间，这种方法没有在公司的任何地方试运行，最终成为公司的"盲肠"。

但是，制造部门现场能够做到的事情，行政职能部门没有理由做不到。我坚信，我们每个人绝对具备使用PSA式逻辑思考解决问题法的能力。我在我的第一部作品《企业参谋》（PRESIDENT出版社出版）一书中也提到过PSA，通过3个月的训练，将其做法彻底灌输给麦肯锡咨询公司东京事务所的新员工。在那之后，他们成长为能独当一面的经营顾问，如今活跃于各个领域。他们中的大多数人都会不约而同地说："多亏了当时接受的教育，我现在才能将其通用于各个地方。"**PSA** 式逻辑思考解决问题法就是具有如此的冲击性，它对任何领域的企业来说都是"万能药"。

然而，很多公司的人事制度和培训制度几乎都与 **PSA** 式逻辑思考解决问题法背道而驰。这是无法大胆改革的最大原因。

对于新入职的员工，首先要教会他们销售、财会、设计、采购等业务。如果能掌握这些业务，就将其视为有能力的人。等他们出师后，再以同样的方法将这些业务传授给下一批新入职的员工。如此持续，就可以使古老的工作方法代代传承。然而，这是不幸的，因为虽然员工掌握了业务，但也能被掌握大多数业务的电脑和机器人取代。而且一旦有人指出自己的工作方法存在问题，感觉就像是在指责自己的染色体异常一样，从而出现排斥反应。例如，如果有人对掌握了财会业务的人说："只要使用电子会计软件'Quicken'，新手也能输入，人工智能会协助检查是否出现了错误的啊。"听到这话的财会人员心中就会默念："你这个家伙！"

对于已经掌握了业务的人来说，让他们转换方向是一件十分困难的事情，这大概是因为他们自身很迂腐。因此，当被要求"立即去改善"时，他们会说"我尽快去做""我会加倍努力"等，但还是按照原来一贯的做法，以速度和程度定胜负。经营高层也一味地要求员工的速度和程度，并以"照你们这样下去，我们公司就完了，再加把劲儿"这样的话鼓舞大家。当员工们翘首等待具体从哪些方面努力的指示时，高层只丢下一句"加快速度，赶快划桨"。但是，如今很多公司跌倒、碰壁的根本原因在于搞错了前进的方向。例如，虽说要在一个国家成本较低的地方制造，但是如果在人工成本仅为该国 1/20 的另一个国家也能完成同样的事情……这种想法毫无意义。换个角度来说，明明是掌舵的舵手存在问题，却要让水手加速划桨，如此一来，无非是加速冲向错误的方向，加快碰壁的速度。

也就是说，一些企业的人员没有思考"根本问题出在哪里"的习惯。所以，这些公司或组织感受不到问题点。即使感受到了问题点，也不会将其说明，因为他们有种恐惧感。虽然在他们的潜意识里感觉到了"这样下去不行啊"，但是若将其说明，事情可能真的会成为想象的那样。如此一来，就放弃了说明的想法，没有人会叫嚷着"改变舵的方向"。

比较容易理解的事例有已经破产的崇光百货（SOGO）和 MYCAL，或者是陷入经营危机的大荣（DAIEI）。10 年间，流通业界发生了本质性的变化，顾客的光临（销售额）并不一定取决于位置（选址）。然而，这 3 家公司却一直坚持"位置就是一切"的理念，带着闲情逸致和商业街的人喝茶吃饭，倾注 10 年时间，经营大规模铺店，一直坚信只要能占据黄金地段开店，一定会商业繁盛。

但是，实际上店铺的兴衰早就与其位置无绝对关系了。虽然车站前鳞次栉比地排列着百货商场和超市，但是路途遥远不便利的场所——"堂吉诃德"（Don Quijote）等店铺中也是顾客成群。位于东京站核心位置的"大丸"却没能成为该地区业绩最佳的商店。所以，这里不需要过多说明了吧。如今，流通业界成功的关键因素已经发生剧变。

那么，新的关键因素是什么？是从世界范围内，以最便宜的价格购入最优质物资的采购能力。在这个领域具有绝对优势的是法国的家乐福和美国的沃尔玛。他们保持绝对优势的秘密在于互联网的 B2B 交易转换模式（Business to Business，常用电子商务模式中的一种）。例如，家乐福经营的交易转换模式中有 10 多万家供应商，它取胜的关键因素就在于从这些供应商中采购最优质、最便宜的物资的能力。

与此相比较，一些超市的改善方法仅仅关注速度和程度，所以才会有"我们这里打两折，我们这里两年改装一次店铺"这种毫无起色的经营努力，或是一点点削减成本，试图平衡收支结算。然而，这好似海市蜃楼，终究会导致公司内结构性的成本提升，立即就会被打回原形。要想得到根本性的改善，就必须掌握家乐福、沃尔玛式的采购能力，而且必须掌握通过电子商务从世界范围内最合适的地方寻找最优质、最便宜的物资的能力。

但是，即使这些超市导入了电子商务系统，由于开展业务的方法没有得到改变，所以也只能是给系统投资多少资金，就相应增加多少成本。这样一来，就既不能掌握全球水平的采购能力，也不能推进实质性改善。

如今，一些企业面临的问题非常严重。他们要想从这种焦灼的状态中脱离出来，只能思考转变方向的战略性替代方案，并当机立断、果敢实施。正因为如此，寻找其路径所需的 PSA 式逻辑思考解决问题法才显得尤为重要。

第 2 课

如何用逻辑思考法解决问题

原则①：绝对不能有"没办法"这种想法

用 PSA 式逻辑思考解决问题法的前提是拥有"所有的问题都能够解决"这个信念。英语中有一句话叫作"Self full filling prophecy（自我实现预言）"，表示自我暗示，翻译成汉语，好则"正如所言"，坏则"自掘坟墓"。一些人遇到问题时，动辄就说"没办法"。但是，如果说了"没办法"，就代表自己承认不能解决问题。在产生"没办法"这种想法的那一刻，思考就已经停止，本来能解决的问题也无法解决了。所以，要想掌握 PSA 式逻辑思考解决问题法，就绝对不能有"没办法"这种想法。

要相信所有的问题都有解决对策，相信明天一定会比今天更好。

考虑问题并采取行动时，要时刻具有这种信念。这是问题解决者所谋求的最重要的态度。解决问题时，也有让人不可思议的一面，其可能性与问题解决者所持意念的强度和视角的高度成正比。优秀的问题解决者会主动设定较高的目标去刷新纪录，就像实力很强的撑竿跳高选手会把撑竿的高度从 5.8 米抬高到 6 米，以挑战自我。

相反，解决问题时，最糟糕的就是那类被称为"失败者"的人。失败者总是把"没办法""办不到"挂在嘴边。正所谓"一鼓作气，再而衰，三而竭"，类似的话说三次就会丧失干劲，说四次就会被他人视为傻瓜，开始拖别人的后腿。

但是，如果不去挑战，问题绝对不可能被解决。耐克公司的董事长菲尔·奈特有一句名言："如果不去挑战，成功与否将无从得知。"打高尔夫球时，如果想让球进入洞中，就必须从离洞较远的位置击球。尽管如此，一些企业解决问题，明明球洞就在 1 米远的地方，自己却故意选择三推进球。

大荣（DAIEI）即使身陷经营危机，在投靠政府之前，自己应该也能采取一些应对措施。"为了减少 2.4 兆日元的负债，罗森（LAWSON）要这样做，福冈大荣鹰队、福冈巨蛋和福冈希尔顿酒店也要这样做。"它们本应该能自主地找到一些对策，然而却没有找到任何对策。结果，可谓是卖掉所有能卖的东西，将借款削减到 1 兆日元左右，使企业年利润控制在 540 亿日元，恢复到健全的状态，然而这是不可能实现的。以 540 亿日元的利润偿还 1 兆日元的债务，需要花费 20 多年，市场根本不可能等待这么长时间。

在这种思维的主导下，流通业、大型建筑公司、银行最后只会横倒在地说："请拿走我全部的东西。"正如"僵尸企业"和《新闻周刊》中所写的，没有试图解决问题的意念，而是满脑子充斥着"没办法""无计可施"的想法，不采取任何行动。所以，事态才会愈演愈烈，从而越来越不想采取对策，最终苟延残喘，直至倒闭。这是一些企业的现状。

原则②：时常思考"what if…?"

用 PSA 式逻辑思考解决问题法的人会尝试这样考虑："如果存在答案，会在哪个范围，会是怎样的情形？"也就是提出"what if…?"这样的质疑，或者说"如果情况变成这样，如何考虑（或行动，或应对）才是良性的？"换句话说，掌握"what if…?"的思考习惯才是用 PSA 式逻辑思考解决问题法的基础。

原则③：通过现象找到问题的根源

按照我的经验来说，在大部分情况下，导致某个问题出现的主要原因只有一个。即使想到可能存在很多问题，但是有时会出现一个原因表现为多种形式的现象，最终作为问题被呈现出来，仅此而已。抓不住原因和现象的区别的人，会有这样的说法："问题太多了，没有办法解决。"殊不知，如果将各个现象与原因一一应对，那才是真的无计可施。不能找到原因，绝对无法解决问题。

日本 QC/TQC、ZD 运动、VA/VE 盛行的时期，将产品出现缺陷的原因追溯到上游环节，找到其原因，从而消除缺陷，很出色地完成了这些工作。

例如，在某工厂中，尽管检查十分严格，但还是出现了 5% 的缺陷件。彻底调查原因后发现，生产线上方有空气吹出口，从吹出口掉落的灰尘导致产生了缺陷件。因此，将空气吹出口移到其他的位置，就轻而易举地解决了问题。

如上所述，原因大致会集中到一个点上，但是现象会出现在各个位置。所以，如果不使用 PSA 式逻辑思考解决问题法，就会颠倒原因和现象，从而使思想偏离解决实际问题的可行对策。

也就是说，如果深信"现象"就是"原因"，从而开始"对症下药"，针对现象采取对策，那么原因并未彻底消除，最终问题又会以其他的形式出现。针对新出现的问题，我们会再次"对症下药"。这样向着错误的方向无止境地循环往复，就会陷入窘境，最终也只会是增加成本。

下面我们来做一个假设。比如存在销售员没有职业精神，卖不出去商品这个问题。此时，典型现象对应的"对症下药"方法是，社长来回奔走于各个分厂、销售店，激励销售员。他高兴地说，如果大家围坐在一起把酒言欢，就能畅所欲言，心情也会开朗，精神状态也能很快恢复。然而，走完所有的分厂和销售店后，销售额仍在下降。不久后，有人开始谈论：销售员没有职业精神的原因在于他们拿着固定工资，无论他们怎样努力工作，也不会得到更多的报酬。社长明白了，于是将销售额高的销售员的奖金提高至原来的 2 倍，并且施加动机，制定了激励制度。即便如此，销售额仍然持续下降。于是，有人又说，实际上在激励制度下，胜者和败者差距过大，败者会失去干劲儿。社长心想那可不行，于是又回归固定工资，把大家的工资提高了 2 成左右。但是，销售额仍然继续下降。于是再次回到激励的措施，无论干多干少，工资都不会有差距，所以越是有能力的销售员越会辞职。但是，与销售员同行时会发现，他们汽车的后备厢里有高尔夫球袋。于是我们终于明白，他们将增加的工资用在了支付高尔夫球费、练习场地费和俱乐部会费上。

频繁地针对现象"对症下药"的公司都是如此。针对表面现象采取对策，往往只会增加成本，却不会产生任何实质的收益。

但是，即使在这种情况下，销售额下降的原因也只有一个（最多两个）。使用 PSA 式逻辑思考解决问题法探求原因，就会发现，大多数问题都呈现出完全不同的形式。拿刚刚那家公司的情况来说，制造部门持续努力生产，所以两年间产品有了四次更新换代，而销售员却缺少掌握新产品相关知识的能力。更糟糕的是，他们没有挖掘潜在顾客的能力，也没有掌握说服顾客的技巧。换句话说，他们连基本的训练都没有经历过。这些都是导致问题出现的原因。

步骤①：使提问比例和为 100%，显现问题的根源

用 PSA 式逻辑思考解决问题法的第一步就是研讨"比例和为 100%"。A 和 B 加起来构成一个整体样本，除 A 和 B 之外，没有遗漏的内容，也没有重复的内容。我将这种理论体系称为"自洽"。如果将人类分为男人和女人，则比例和为 100%，这属于"自洽"。但是，如果将人类分为男人和年轻人，则年轻人中还包括男人和女人，所以不属于"自洽"。或者说，如果将哺乳动物分为人类和鲸，则其不属于"自洽"。如果将哺乳动物分为人类和人类之外的哺乳动物，则为"自洽"。

我们必须构建非常缜密的"比例和为 100%"这种研讨，因为原因也有可能存在于所指出问题的范围之外。

因此，在刚开始发现问题时，所指出的问题绝对不能存在于被质疑的范围之外。

例如，丧失干劲的员工是男性还是女性？这个质疑就符合"比例和为 100%"。所以，只要得到"丧失干劲的是男性员工"这个答案，接下来寻找男性员工丧失干劲的原因即可。是东部地区还是西部地区？是文科出身的员工还是工科出身的员工？这些质疑也满足条件。但是，如果提出的是"销售业绩差的人是女性员工还是年轻员工"这个质疑，由于它存在遗漏和重复，所以即使给出答案，原因也可能存在于其他方面，可能会引导你制订出错误的对策。

步骤②：建立假设，看到问题的本质

在初期，"比例和为 100%，是 A 还是 B？"这样的质疑可能会堆积如山，而且不断重复出现，但是按照此程序排除各种原因，就会将原因的范围逐渐缩小。一旦出现"说不定是这个原因"的想法，就要立即建立假设。这是用 PSA 式逻辑思考解决问题法的第二步。

步骤③：收集数据，验证假设

第三步，为了验证假设，需要收集数据，用事实作为证据，再根据这些证据证明假设的正确性。假设被证明之后，就能思考清楚按照解决问题的对策可以把问题解决到什么程度（百分之几）。此证明程序使用的是"如果 A=B、B=C，则 A=C"这个理论。因为从刚开始就直接证明 A=C 这种做法非常罕见。这是逻辑思考（理论性思考），是探索解决问题的过程中最为重要的程序。

◆以汽车销售为例展开案例研究

下面以汽车销售为案例进行具体说明。拿汽车销售员来说，无论是哪家公司，假如一位销售精英每月销售 8 台到 9 台汽车，一位"菜鸟"每月一台都没有售出，那么每月人均能销售 4 台左右。是什么导致销售员之间产生卖出和不能卖出的优劣差异呢？汽车销售公司首先需要调查这件事情。因为仅仅从 4 台提高到 4.5 台，其市场占有率也能提高 11%。在汽车销售领域，提高 11% 的市场占有率属于革命性的突破。最后，如果能将销售 8 台汽车人员的秘诀普及到全员，那么即便不能达到每月销售 8 台，也可能达到 6 台，这样就能彻底解决问题。

然而，在一般情况下，公司不会采用这种探索式的方法，常见的做法是开除"菜鸟"，给销售精英发放奖励。但是，这仅仅是针对现象"对症下药"，即使开除了"菜鸟"，还可能会出现很多每月一台都没有售出的人。如果起用新员工，平均每月的销售量有可能会降至 3.5 台。即使给每月销售 8 台的人增加报酬，他每月最多也不过销售 12 台。问题并不在于此，首先最大的问题是为什么销售量会分散于 0 台到 8 台之间。为了调查其原因，需要分析所有可能存在的相关因素，如年龄差别、地域差异和工作年限差距等。

◆不同于社长和店长所预想的"答案"

所谓的原因往往都是一环扣一环，原因里面又有原因。也就是说，深层次的原因又会变成一个问题。如果不能针对最深层次的原因制定改善对策，那将没有任何意义。例如，较大的差异为工作年限，每月销售 8 台的人多为入职 10 年以上的老手，每月一台都没有售出的人多为新员工。这样就能搞清楚工作年限的因素。如果原因只是工作年限有差距，那么相应的解决方案应该是扩充加强培训的制度，让新员工也能尽快地掌握销售汽车的技能。

然而，事实上原因也可能不是工作年限有差距。虽然从表面上看可能是工作年限有差距这个因素，但实际上也可能是因为老手独占销售效率较高的区域（地域），而新员工则被分配到距离销售店较远的销售效率较低的区域。不仅推销区域小，而且往返足足需要 4 个小时，所以只是去那个地方，新员工就已经感到疲劳和厌烦，再加上面对极少量的顾客说着"您好""再见"，最终导致销售量不佳。从这个角度看，原因并不在于工作年限有差距，而在于推销区域的分配不公平。

如果在第二个步骤中建立了"推销区域分配不公平"这个假设，那么在第三个步骤中，就必须用数据和事实对其进行证明。也就是要证明推销区域分配合理，是否能够保证销售员都能销售相同的台数。例如，潜在需求（注册台数）每达到250台，便分配一名销售员，这样就能保证每名销售员都拥有大小相同的市场。如果市场大小相同，结果却不相同，那大概就是销售员个人能力的问题了。但是，如果老手掌握距离销售店较近的潜在需求是1000台的推销区域，而新员工却被要求负责距离销售店较远的潜在需求是100台的推销区域，那么推销区域的分配就不能说是公平。如果结论是所有销售员都必须销售同样的台数，那么其前提条件是推销区域的分配要合理。所以，如果最初没有验证其前提条件，就无法进入下一个提问环节。

最后，如果分配公平、机会均等，那么就不得不调查除此之外的原因。但是，如果认识到是分配不公平，那么对其进行改善即可。例如，从上面提到的这家公司来看，假设被分配到潜在需求为250台的地域，每月平均就能够销售4台。另一方面，如果老手在潜在需求为1000台的推销区域只销售了8台，那么实际上他们销售16台应该也不成问题。如果只看到8台这个数据，那么必然会认为销售员很优秀。然而，如果从他们所掌握的推销区域来看，就会明白，这个人在偷懒,优哉游哉地以 8 台的销量获取报酬。

明白了这一点,改善对策就简单明了了,只需打乱推销区域,重新分配即可。削减老手的推销区域并让给新员工,将从销售店到推销区域往返的时间控制在一天 3 小时以内等,使分配公平、机会均等,这才是针对问题想出的答案。如果在此基础上让其相互竞争,可能会出现这种情况:无论是曾经销售 8 台的老手,还是一台都未销售出去的新员工,其销售能力并没有太大差距。最后的答案往往与公司社长和销售店店长的预想不同。

按照这种方法,不断重复"A 或 B"这个缜密的理论思路,刨根问底,探明原因,建立假设并用数据和事实证明,就能由此导出真正的原因,继而制定改善对策,这是所谓的用 PSA 式逻辑思考解决问题法。

首先,希望大家理解用 PSA 式逻辑思考解决问题法的流程。但是仅仅理解,并不能解决商业现场中遇到的实际问题。除了有这种思路,还需扎实地掌握解决问题的基础技巧。具体包括收集和分析数据的技巧、根据既得结果理论性地找出本质问题和课题的技巧、以准确易懂的图表展现其内容的技巧,以及用正确的逻辑高效地向经营高层演示的技巧。只有掌握了这类技巧,才能够在实战中推进问题解决。

《经营管理者培训方案和解决问题必备的技巧课程》就是学习这类技巧的训练方案。本书第 2 部分会介绍从这门课程中选取的重要讲义,还请各位不厌其烦地反复阅读。

请大家不要直奔答案,而是准备好纸、笔和互联网,开动大脑,挑战自我。如果一开始直接看答案,就会觉得答案是理所当然的,而一旦自己动脑思考解答，很多人就会手足无措。但是，即使给不出令人满意的解答，也不必忧心忡忡，只要反复多次训练，每个人都能掌握这类技巧。换句话说，空有解决问题的知识而不加以训练，仍然掌握不了这些技巧。我们身边到处都有训练的题材。还希望大家通过小组研讨问题的形式，了解自身现有的能力，再在此基础上抓住各种机会，持续训练。

第 2 部分

第 3 课

课程的定位和学习方法

成为问题解决者

当前，虽然说日本经济处于第二次世界大战后"伊奘诺景气"以来的繁荣时期，但是日本企业的业绩不容乐观。虽然通过产业重组，盈利能力有所恢复，但是，无论是销售额、生产率，还是盈利能力，都处于泡沫经济崩溃后的低下状态。由于没有改变，大多数企业也必然时常被告知企业变革很重要。

但是，现状是企业变革没有太大进展。不仅仅是企业的董事，甚至是经营企划部和社长办等相应的人员和部门都未能尽职尽责。关于这一点，相信大家在读本书时，已有所理解和感受。

正因为如此，才不能将解决企业问题的事情委托给某一个人，我们每一个人都应该成为问题解决者，为提高企业的业绩做出贡献。虽然成为问题解决者非常困难，但只要扎实地掌握了本书中提到的基本内容，正确地思考并采取行动，就绝对不是妄想。

解决问题时，最为重要的是"发现问题"。发现问题需要掌握一些信息，这些信息不仅仅是指在之前的公司任职时积累的管理信息（老生常谈的信息），还包括思考问题本质所需的"优质信息"。优质信息是指有助于解决问题的信息，掌握了这些信息，就能让我们出色地展开分析，最终引导我们走向有意义的新发现。

是否如此，一想便知。为了赢得优势，相对于竞争对手，我们所采取的不应该是传统的改善型应对措施，而应该是全新的战略型应对措施。用以前看到的那些信息，能够想出这种全新的战略吗？那是不太可能的。

能够收集信息并展开分析的企业比比皆是。但是，在大多数情况下，当被问到"分析后，你们明白了什么"，却无人能回答。即使有人回答了，也尽是一些"明白了很多"之类的说法。为什么会出现这种情况呢？是因为他们无法用一个通用项目对分析所得的"众多的事实"进行分组分类，并概括为"总之引起了什么"。但是，通过学习逻辑思考法，大家就能概括事实，进而发现本质问题。

发现问题需要的不是一时想起，而是通过一系列的探索全心投入。反言之，如果将其中的探索转变为自身的知识，一定能给解决问题助力。其探索是指在充分理解"解决问题的意义"的基础上，理解一些重要的思考法，如"理解整个事件的场景""有效收集信息""将数据图表化""通过框架进行整理，提高理解度"等。

以销售为例，发现问题并不是说要展开博人眼球的分析，而是要充分理解顾客所想；不是主观上坚信，而是以事实为基础试图去理解竞争对手的应对措施和本公司一直以来采取的行动，必须时刻将"忠于事实"铭记于心。

本书在帮你发现问题的基础上，提供了重要的思考法和解决问题的具体操作方法。

所谓解决问题，我们可以认为是指当发现问题时，就已经完成了 60% 左右的工作。换句话说，只有发现了问题，才能建立解决问题的具体方案。实践后会得知，发现问题的过程中需要脚踏实地地工作。但是，作为变身问题解决者所需的入门级教材的创作者，我还是希望大家扎实地学习本书。理解了解决问题的重要思考法和解决问题的探索过程，日常工作也应该会有很大的改观。首先，充分理解解决问题的思考法和探索过程，并多次重复。其次，实际应用，自我掌握。最终，你将能敲响并打开问题解决者之门，摇身一变成为公司的变革担当者。

本书所述内容仅为《经营管理者培训方案和解决问题必备的技巧课程》的一部分，如果大家阅读此书后感觉很振奋，请务必去挑战《解决问题必备的技巧课程》。虽然课程内容有重复，但是只要多加练习，每个人都能成为问题解决者队伍中的一员。如此，世界一定会更加广阔。如果大家能够理解我的思考法，并参与到方案制作中，我将不胜欢喜。

在此书成书的过程中，小学馆的铃木老师做出了巨大贡献。此外，在编制作为本书基础的《解决问题必备的技巧课程》内容时，我公司的咨询工作人员、武田里古、冲中圆香、松泽美帆、八木美树、柴田祥子和实习生都做出了巨大贡献。在此对以上人员深表感谢。

斋藤显一

本部分课程的定位

◆讲义

《经营管理者培训方案和解决问题必备的技巧课程》由 4 个讲座构成。本书是从其中《解决问题的基础技巧讲座》的讲义中提取基本内容，总结而成。

◆小组讨论问题

《解决问题必备的技巧课程》中，将小组讨论问题定位为最重要的教材。因为要想锤炼能够应用于实战的问题解决能力，仅仅知道方法还远远不够，反复的"训练"也是必不可少的。

在众多具体的商业问题中，按条理思考，并将想法写于纸上，之后一边观看写在纸上的想法，一边再次思考"这种想法好不好"，继而无数次进行这种训练，才能掌握解决问题的能力。

掌握解决问题的能力同时还意味着要习惯"用自己的大脑思考"。如果能够"用自己的大脑思考"，就会拥有无论面对怎样的问题，都能积极挑战的勇气。

从这个意义上来看，小组讨论问题是最重要的教材。然而遗憾的是本书未能收录《解决问题必备的技巧课程》中的小组讨论问题，因此我们重新编制并收录了小组讨论问题。为了锻炼能够应用于实战的解决问题的能力，小组讨论部分提供的问题数量还远远不够，仅请大家品味训练的乐趣。

◆**本部分课程的学习方法**

在埋头解决问题之前，请忽略"解答路径"。如果最初就阅读示范性的答案，会觉得其解答理所应当、简单易懂，从而看轻了问题。如果不阅读答案，而是努力通过自身思考寻找答案，就会感觉无从下手，总是给不出令人信服的解答。

收录于第 2 部分中的小组讨论问题也是如此。不要轻而易举地阅读答案，请开动大脑思考。养成"用自己的大脑思考"的习惯，这是学习并掌握解决问题能力的重点。

①阅读小组讨论问题。

②在脑海中有条理地思考其答案，并将想法写于纸上。

③一边观看写于纸上的想法，一边思考"这种想法好不好"。

④如果发现有不充分、不明确的内容，重新提炼答案，对其进行补充。

⑤不断地重复"①～④"。

⑥阅读"解答路径"，学习探索方法。

本书的"小组讨论问题"针对手机市场展开调查。对于能够使用互联网的读者，请一定要利用网络收集信息，同时不断思考。

"解答路径"仅仅阐述一种见解，小组讨论问题的答案无所谓对错。因此，"解答路径"不是所谓的"正确答案"，请将其理解为解答问题所需的思考法。

对于无法做出令人满意的解答的读者，请重点思考自己用的思考法与本书提供的思考法的"不同之处"。

我们的目的并不是让你"知道答案"并将答案"记在脑中"。请认真考虑"哪里不同""为什么不同"。

虽然应对小组讨论问题是一件孤独、乏味的工作，但是除了自身不断思考，别无他法。相信也会有很多人不能立即找到答案，但是请不要一心急于寻找答案，暂且思考一下别的途径，认真持续思考。

株式会社 BBT 董事　田中健一

第 4 课

什么是"解决问题"

问题解决者应该具备的思考方法

什么是"解决问题"？

"解决问题"旨在找出问题的根本原因（发现本质问题），并考虑出解决的方法。所以，可以说，只要发现了本质问题，就已经完成了解决问题中 60% 的工作。

但是，发现本质问题的过程充满艰辛，它离不开问题解决者迎难而上的态度，以及全程的反复思考。本课程旨在让大家学习并掌握问题解决者应该具备的基本思考法和技巧。

下面就来一一说明，通过这堂课程能够学习到什么，据此又能做些什么。

◆ 发现"什么是本质问题"

即使一心想要解决问题，但发现不了本质问题也无济于事。因此，当下这个充满未知、无法发现全新成长模式的时代，才需要能够发现并解决本质问题的人才。

下面就来说明"什么是解决问题"。大概大多数人还不熟悉"解决问题"这个词语吧。所以可能存在如下几类人：找一些例如"我是行动派""我是做销售的"之类的理由，认为自己不需要成为解决问

图 2-3-1

因为认为"解决问题"这个词语本身没有太大用武之地，所以总感觉它缺少亲切感。现状大概就是这样吧：

◉ "解决问题"这个词语给人的印象

我倒是很擅长制造问题，但我能解决问题吗？

跟行动派的我有关系吗？

总感觉数学分析之类的好难，我是学文科的啊……

资料来源：ForeSight & Company

题的人；擅长制造问题，却从未解决过问题的人；或者是因为数学分析很困难，自己是文科出身，不太想接触分析数据、解决问题之类的工作。但是，这些想法有些不妥。

在不太容易给问题下结论时，首先要找出其根本原因，这是解决问题的第一步。很多人在没有充分理解"问题是什么"的情况下，就脱口而出"这个问题可以这样解决，以前就解决得挺好的，这样解决不是很好吗""既然某人都说可以那样做了，那就那样做呗"，从而无法得到正确的答案。但是，如果搞清楚了根本原因，就能够想出很多解决方法。所以，在解决问题时，最重要的就是发现本质问题，只要发现了本质问题，就已完成了解决问题中 60% 的工作。换句话说，最为困难的是发现本质问题。

解决问题的技巧并不是一种才能。很多新员工在入职时，完全不了解解决问题的知识，大多数经营顾问公司都在他们入职后对其进行培训。也就是说，解决问题的技巧是可以通过学习掌握的。

如此想来，即使现在不了解解决问题的知识也不必悲观，只要充分学习正确的方法，一定可以解决问题。

◆成为问题解决者所需的 5 个思考步骤

下面，我按顺序说明本课程要学习哪些知识。

第一，理解解决问题的基础。前面已经做了一些说明，然而首先还是希望大家了解到底什么是解决问题。所谓理解事物，并不是都要从细节入手，重要的是理解其整体。因为首先在脑海中描绘整体，再在此基础上加入细节，这样更加易于理解。

图 2-3-2

通过学习就能够掌握解决问题的技巧。

○ "解决问题"的技巧是一种才能吗？

习惯于整理数据、喜欢思考等，原因各有不同，但是如果稳健扎实、拼命努力地学习应该学习的知识，就能够解决问题……

资料来源：ForeSight & Company

　　第二，理解整个事件的场景。即为了理解整体，最好事先了解哪些事情；了解那些事情后能够明白哪些事情。在大多数情况下，没有接受过逻辑思考教育的人只会调查自己想了解的事情，但是这样做总是不能顺利地解决问题。所以，希望大家了解逻辑思考法，这样就能明白问题解决法；或者能明白从大的范围（整体）向小的范围（细节）展开，需要考虑哪些事情。

　　此外，相信大家当中一定存在这样的人，即明明很努力地编制了资料，却很少得到上司的赞赏。这种情况大多如下：实际上我们有才能编制有价值的资料，只是因为不了解编制方法和表现方法，所以才没有得到好评（当然，也有可能是上司的能力不足）。那么，如何做才能得到有价值的成果呢？希望大家在此也能学到这方面的知识。

第三，学习有效的信息收集法。即收集信息需要做哪些工作。这部分以我们在从事经营顾问工作的过程中实际学到的"重点方法"为中心展开论述。

第四，使数据图表化。此处想让大家了解的并不仅仅是将数据绘制成图表并完美地呈现出来，而是要通过将数据图表化并进行思考。也就是说，能够通过视觉化更进一步加深理解。

第五，熟练掌握框架。framework 用汉语来说，即为"框架"。收集到的信息和数据过多，搞不清楚对应关系；过分集中于部分信息，从中提取的内容过于随意，从而无法读取其相对于本公司的含义。类似的问题经常发生，相信大家在不久的将来也会遇到。

此时，采取怎样的行动才能促进理解呢？答案是"放入箱子中"，即制作框架，将这些问题整理到框架中即可。

社会上有很多我们的前辈思考并总结出来的常用框架，我们也可以使用（当然，自己思考也尤为重要）。例如，"人·物·金钱"也是一种框架。在使用这种框架的同时，如果以某种形式进行分类，是否就能明白相应的问题，希望大家对此有所理解。此外，通过使用框架，希望大家也能掌握"概括起来是什么"这种思考法。"概括起来是什么"是指将众多的信息反复咀嚼，一言以蔽之，"结果是什么？"

利用这种思路虽然有些困难，但它是非常重要的思考法，请务必掌握。

图 2-3-3

要学习的课程内容：　　　　　LEARNING POINTS

○理解解决问题的基础。

○理解整个事件的场景。

○学习有效的信息收集法。

○使数据图表化。

○熟练掌握框架。

◆迄今为止的工作方法一去不复返

我们一起来感受一下，学习了解决问题的逻辑思考法，能够达成哪些目标。

第一，能够在日常业务中养成全力以赴处理问题的态度，不会一如既往、漫不经心地工作，如遇进展不顺利，即去喝茶、休憩等。

第二，能够根据想要达成的目标分类使用信息。如果仅仅依靠老生常谈、平时大家都在使用的信息和数据，基本不会有新的发现。所以，大家必须明白，为了了解某些事情，需要接触怎样的信息源。如果明白了有这类内容的信息和数据存在于哪些地方，那么自由度就会增加。相对于某个主题，或是其可以使用哪些地方的哪些数据，或是首先按这种探索试着调查等，如果脑海中能够立即浮现出这些想法，那最好不过了。课程学至最后，应该能够达到这种程度。

第三，能够从所收集的信息中提取有用信息（含义）。即使收集再多的信息，不明白其想要表达的意思，也没有任何意义。如果掌握了从所收集的信息中提取有用信息的方法，就能消化信息，形成自身独特的见解。

第四，能够制作基本的图表。如前文所述，图表是思考所需的重要工具，同时也是向他人传达有用信息所需的工具。因此，相比杂乱无章的图表，整齐美观的图表必然更加出色。如果其中包含了有用的信息，只要看上一眼就深受触动，那么这类图表的说服力一定会有飞跃性的提升。

第五，能够通过框架整理信息，加深对状况和问题点的理解。也就是说，能够使用原有的框架和自己想出来的框架整理众多的信息，据此提高理解度。

第六，能够掌握自主学习的方法，进行日常训练。不是被他人强制学习，而是只要得到启示和契机，就能以抓住本质问题为目的进行独立思考。在日常生活中拥有自己独立学习的态度，对于商业人士来说极其重要。

图 2-3-4

课程能够达成的目标： OBJECTS

○ 能够在日常业务中养成全力以赴处理问题的态度。

○ 能够了解信息源，根据想要达成的目标分类使用
信息。

○ 能够从所收集的信息中提取有用信息（含义）。

○ 能够制作基本的图表。

○ 能够通过框架整理信息，加深对状况和问题点的
理解。

○ 能够掌握自主学习的方法，进行日常训练。

用逻辑思考法解决问题的技巧

解决问题要按程序（流程）进行。首先，要搞清楚解决问题是为了什么，思考其目的或应达成的目标，发现达成目标所需的本质问题，建立并实施解决问题的方案，进而监控进展。

但是，在发现本质问题的基础上，我们必须挑战三件事情。

本部分将学习如何才能准确突破"收集信息""分析信息""提取含义"这三个挑战。

◆发现问题，思考并实施方案

下面针对"解决问题所需技巧的理解"展开论述。

在发现本质问题的过程中，大家自身都存在阻碍因素。例如从主观上看问题，关注局部疏忽整体，无法保持客观等。如此看来，要想发现本质问题，只要反向行动即可，即摒弃主观看法，关注整体，保持客观。然而，事实并非如此简单。改变习惯多年的"思考法"和"感知方法"非常困难。因为它已变为一种习惯，即使大脑中非常想保持客观，但是实际表达时，又会出现主观言论。仅仅这些，就已构成解决问题时的重大阻碍因素。然而远远不止这些，还有很多重大问题。即使大家客观地评价、分析事实，最终能够发现本质问题，但是接下来还必须考虑解决方案，这也绝非易事。思考出解决方案后，如果无法努力让其实施，也不能称为真正意义上的解决问题。解决问题并不仅仅是纸上谈兵，建立解决法，还要思考出实施过程中所需的体制和机构。无论是多么优秀的方案，不实施也就不会有成果。解决问题需要的不是"我是思考人""你是实施人"，而是让自己成为发生变化的中坚人物。作为解决问题的基本形式，希望大家理解发现本质问题、思考解决方案、考虑实施方法这个循环。

刻意强调"发现问题、思考解决方案并考虑实施方法"这样理所当然的事情，是因为有很多公司虽然有出色的方案，但是迄今为止从未实施过。公司中的很多案例表明，这并不仅仅是经营者本身的问题，更是下发到部门时，未完全实施。因此，希望大家充分理解"发现本质问题→思考解决方案→考虑实施方法"这个基本循环，不断前进，直至获得成果。

图2-3-5

解决问题首先在于发现本质问题。

○解决问题的循环

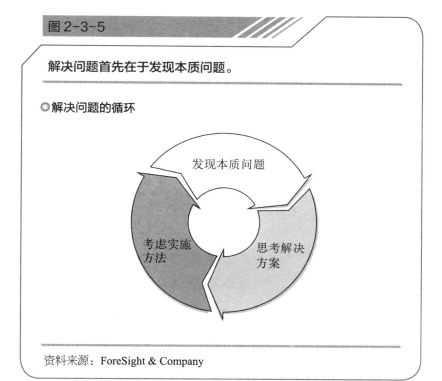

发现本质问题

思考解决方案

考虑实施方法

资料来源：ForeSight & Company

◆按流程思考，便无遗漏

接下来，请大家按流程思考并解决问题。流程具有重要的理论性，按流程思考，便无遗漏。例如，在图 2-3-6 中，特意写到"在理解公司、事业部门、业务部门的使命和目标的基础上"。为什么此处会出现这样的内容？有些人可能会觉得不可思议。然而，还请大家认真思考——做工作，原本是为了什么。首先，必须理解其目标。其次，必须在此基础上，思考达成目标所采取的方案。

但是，企业往往把 3 年前制作的发展规划中的数据稍做改动，即得出下一年度的发展规划。这与解决问题的程序相差甚远。原本的流程应该是：明确目标→思考达成目标采取的方案→实施→审查并修正进展程度。

图 2-3-6

解决问题是指，在理解公司、事业部门、业务部门的使命和目标的基础上，发现本质问题，思考解决问题的方法，并说服他人实施，从而得到成果的过程。

○解决问题的程序

理解公司（部门）旨在达成的目标　建立达成目标所需的方案　实施方案　审查并修正进展程度

发现本质问题　建立解决问题的方法　演示（说服）

收集信息　分析　整理、统合、汇总

资料来源：ForeSight & Company

明确目标后，在达成目标的过程中，必然会出现阻碍因素。在充分理解阻碍因素的基础上，建立方案。在思考达成目标所需方案的过程中，发现本质问题正是作为最初的程序出现。在之后的程序中，就需要掌握一种技能，即建立解决问题的方法，进而演示（说服），以便将其传达给他人。这三种程序共同构成了"思考达成目标所需的方案"这个程序。

另外,发现本质问题由收集信息、分析、整理并统合汇总这三个程序构成。其中最为困难的是"整理并统合汇总",即收集并分析信息,从中明白很多内容后,用一句话概括。如果能够做好这个程序,将会有很大的进步。

◆掌握技巧的基础工作有三点

论述至此,希望大家理解的是"在发现问题时,我们苦苦挣扎于三重苦难中":①不明白需要收集哪些信息;②不明白如何整理、

图 2-3-7

我们身处三重苦难世界:

◎三重苦难世界

如何整理、理解所收集的信息呢?

整理之后,如何来概括呢?完全不知道!

收集怎样的信息好呢?

资料来源:ForeSight & Company

理解所收集的信息；③即便整理好了，也不明白如何概括。

那么，如何才能脱离这三重苦难呢？实际上，了解此事正是掌握问题解决技巧的基础。一是"看透所需的信息"。大家平时收集到的信息与帮你发现问题所需的信息之间存在着较大的偏差。请大家回想一下自己平时收集信息都在使用怎样的方法，是否如下：询问相关部门："你们有没有这样的数据？"相关部门答复："真不凑巧，我们只有这些数据。"之后你说："这些也可以，给我吧。"相信多数情况都是如此。公司内原有的数据和信息是展开工作、思考事物的基础。

但是，仅仅依靠这些能够解决问题吗？能够发现本质问题，并寻找到解答的方案吗？肯定不能吧。大家进展一直不顺利的原因就在于此，即没有搞清楚需要的信息是什么。

如图2-3-8所示，横轴表示信息的广度，纵轴表示信息的深度。由图可知，大家平时收集到的信息既有某种程度的广度，又有某种程度的深度，图的形状整齐有规则。而发现问题所需的信息，往往在某个部分没有深度，在某个部分也没有广度，呈混乱无序状态。

为什么发现问题所需的信息呈混乱无序状态呢？我们在理解问题的过程中，并不需要看到所有的重要信息才能明白，而是通过更深、更广泛地阅读已掌握的信息，来促进理解。如果大家因为收集信息一直在熬夜，那是因为一心想要以整齐有序的状态收集。但是，如果能够看透重要的信息和所需要的信息，就能够做到非常高效地收集信息。

二是"理解收集到的信息的意义"。即使很顺利地收集到了信息，如果分散零乱地对其进行分析，也会不明白其意义。大家是否陷

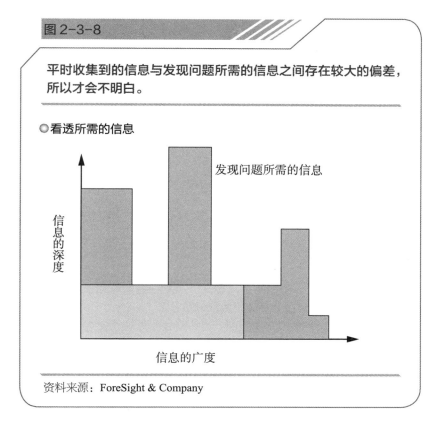

图2-3-8

平时收集到的信息与发现问题所需的信息之间存在较大的偏差，所以才会不明白。

○ 看透所需的信息

发现问题所需的信息

信息的深度

信息的广度

资料来源：ForeSight & Company

入了这种困境呢？如果是，那大概是因为你是以一贯的脉络和流程开展工作的吧。

另一方面，问题解决者的分析中一定会有流程，其构成一定整齐有序，呈金字塔形。对于一个问题，其解决法不仅仅是纵向深挖，同时还要考虑横向关系，要对比观察。如果掌握了这种做法，分析中就能省去之前的辛苦。

三是"概括起来是什么"。分析信息后，即使只是碰巧成功地将其联系起来并导出含义也可以，但是此处较为困难的是，在大多数情况下，如果发现的信息太多，反而无从着手。经过分析明白了很多内容，取得了重大进展，这固然是一种收获，但是接下来要面对的情况是横向对比后，发现"概括起来不太明白的是什么"。

在这种情况下，到底该如何是好？只要能够说出"概括起来，就是如此"即可，而不是"概括起来，不太明白是什么"。即只要用一个通用主题把发现的内容和成功导出含义的内容概括起来，就会明白"概括起来，就是如此"。我们必须采取上述总结方法。

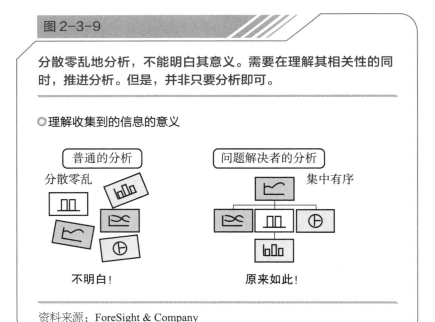

图 2-3-9

分散零乱地分析，不能明白其意义。需要在理解其相关性的同时，推进分析。但是，并非只要分析即可。

○理解收集到的信息的意义

普通的分析　　　　　　问题解决者的分析

分散零乱　　　　　　　　　　集中有序

不明白！　　　　　　　　原来如此！

资料来源：ForeSight & Company

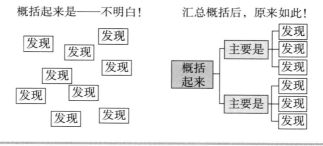

图 2-3-10

经过分析，即使明白了很多，如果不进行统合，仍然不明白主要内容，仍然处于无头绪的状态。

○ 概括起来是什么？

概括起来是——不明白！

汇总概括后，原来如此！

资料来源：ForeSight & Company

下面一起整理一下前文所述的要点。首先，解决问题属于一种程序（流程）。从这个意义上说，理解"为什么要干这项工作"这个大目标或公司的使命、部门的使命，尤为重要。为了达成这个目标和使命，必须建立并实施方案，监控进展程度。为了建立方案，必须发现本质问题，建立解决问题的方法，说服对方。为了发现本质问题，必须收集并分析信息，进行整理、统合。其中，最为困难的是整理、统合。

其次，在发现本质问题的过程中，有三大挑战：收集怎样的信息、从中发现什么以及如何对其进行概括。看透并收集所需信息，为理解其意义进行分析，从而提取含义。随后，用一个通用主题概括发现的内容，必须能够说出"原来如此""概括起来，就是如此"。

解决问题的确很困难。但是，只要按程序思考，就能准确突破三大挑战，成功迈出第一步。

图 2-3-11

前文的要点： CHECK POINTS

○ 按程序（流程）解决问题。理解目标，发现问题（收集信息、分析、整理并统合）、建立解决问题的方案、实施并监控。

○ 在发现本质问题的过程中，有三大挑战。

○ 看透并收集所需的信息，为了理解其意义分析信息，从而提取含义。

逻辑思考法解决问题的四个方案

讲到这里，我们已经学习了解决问题需要捕捉"本质的问题"。其次，按"看透所需的信息→理解其意义→理解'概括起来是什么'"这个流程思考，就有可能发现本质问题。在本部分第 5 课之后，我们将通过四大方案——"了解整个事件的场景""高效信息收集法""从数据到图表""通过框架思考"，具体且实践性地学习发现本质问题所需的流程，并学习和掌握解决问题所需的技巧。

接下来要学习的内容是，我们成为问题解决者，并为组织做出贡献所需要走的第一步。下面说明其要点。

◆**四大方案，通向问题解决者之路**

前面一直在论述按程序思考和解决问题。这里将再次重复，详细说明希望大家理解的事情和今后的推进方法。

下面将大致分为四个方面展开论述。如前文所述，按"看透所需的信息→理解（分析）其意义→理解'概括起来是什么'"这个流程思考，就有可能发现本质问题。若将其制作成方案，可分为四个方面。

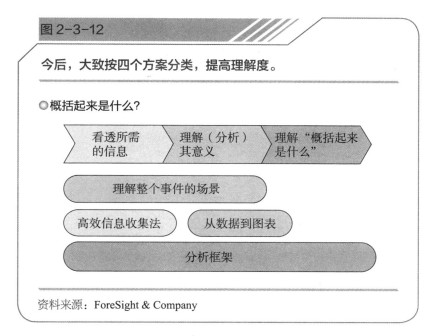

图2-3-12

今后，大致按四个方案分类，提高理解度。

◎概括起来是什么？

看透所需的信息 ｜ 理解（分析）其意义 ｜ 理解"概括起来是什么"

理解整个事件的场景

高效信息收集法 ｜ 从数据到图表

分析框架

资料来源：ForeSight & Company

第一个方案为"理解整个事件的场景"。请通过理解整个事件的场景，学习如下内容：首先看透所需的信息，其次以某种形式或方法分析其中的数据，据此搞清楚一些问题。

图 2-3-13

首先了解最初的线索。对于企业来说，"理解整个事件的场景"指的是什么，试着从其周边开始了解吧。

◉ **理解整个事件的场景**

即使是以前没有进行过分析的人，也能很快明白。

——什么时候需要了解什么信息？

——如果能了解到什么，就能明白什么？

——要想提高工作的价值，需要在哪些方面下功夫？

资料来源：ForeSight & Company

第二个方案为"高效信息收集法"。正如前面所述，大家平时采用的信息收集法十分有限。因此，请学习为了达成目标所需要的信息、为了收集信息所需要采取行动的方法。按流程来说，即进入"看透所需的信息"阶段。

第三个方案为"从数据到图表"。学习通过将数据图表化进行分析的方法。按流程来说，即进入"理解（分析）其意义"的阶段。听到"使数据图表化"，有人可能会不自觉地认为是进入以视觉化说服他人的演示阶段，实际上是通过图表化学习分析的方法。

分析时需要信息和数据。信息和数据好，分析就会好；信息和数据差，分析就会差。一旦敷衍了事，便无下文。

○ 高效信息收集法

第四个方案为"分析框架"。请学习框架的使用方法。

下面具体说明以上四个方案。首先，"理解整个事件的场景"是最初的线索，主要是收集信息并展开分析。相信大家中的绝大多数都没有系统地收集信息，并以某种形式按照流程对其进行分析的经验。但是，此处并不是要求你掌握一开始就没有听到过的分析方法，而是以一些基本的想法为起点。例如，什么是理解，"理解整个事件的场景"指的是什么，理解了"整个事件的场景"能够明白什么。所以，即使以前没有进行过分析的人，应该也能轻易理解。

此外，也涉及"什么时候需要了解什么信息""如果了解到什么，就能明白什么"之类的内容。此处的"了解到什么"可以是具体的 GDP（国内生产总值），也可以是具体某个企业的年生产总值。

◆为什么努力也得不到好结果

下面论述要想提高工作的价值，需要在哪些方面下功夫。换个角度说，即使大家拼命努力，干了很多事情，也不一定会得到好的结果——获得顾客的好评或被上司表扬。大多数的结果是未能提高其价值。这里将讲述其中涉及的问题和提高价值需要下的功夫。

"高效信息收集法"的流程是：目的是什么、委托者的期待是什么→需要收集什么→如何进行收集→如何整理汇总。下面按照流程进行说明。特别是第三个流程"如何进行收集"，其中有很多种做法，包括采访、互联网搜索、访问数据库、调查资料库、问卷调查等。如果抓住了各自的诀窍，就能非常出色地完成工作。

在"从数据到图表"这个步骤，首先要明确制作图表的目的，即图表是一种思考工具（如图 2–3–15）。接下来要说明图表的好处和制作图表的基本规则，并详细阐述用图表展现内容的最佳方法。

图 2-3-15

通过视觉效果使数据图表化，并不只是一种表现方法，更是通过将数据图表化，来帮助你提高分析能力。

○ 从数据到图表

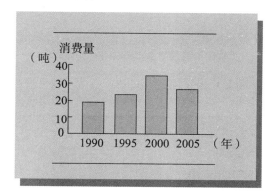

——图表是一种思考工具
——制作图表的基本规则
——以最佳图表展现内容

资料来源：ForeSight & Company

　　最后的"框架的使用方法"中将介绍高效使用几种框架的方法。要想理解众多的信息，需要通过框架进行整理，这样就会易于理解。它既能帮助你在推敲理论性的事情时发挥作用，又能帮助你理解"概括起来是什么"。

　　这样一来，我们终于踏上了解决问题之路。无论社会多么残酷艰难，我们都必须成为问题解决者，为提高企业的业绩做出贡献。然而，正如前文所述，解决问题非常困难，因为我们很容易产生主观偏见，不能保持客观。正因为如此，我才会一直不厌其烦地反复强调

"按流程思考事物"。只要抓住了流程，进而看到其中的细节，就能出乎意料、很容易地掌握解决问题的技巧。请大家将此事熟记于心，以便踏上解决问题之路。

图 2-3-16

要想理解众多的信息，建议按框架进行整理，它既能帮你在推敲理论性的事情时发挥作用，又能帮你理解"概括起来是什么"。

○框架的使用方法

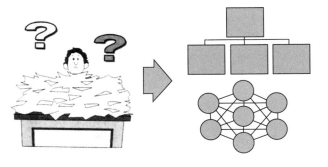

资料来源：ForeSight & Company

第 5 课

逻辑思考要求把问题放在整个事件的场景中去思考

如何应对经济大环境

在日常生活中，我们很容易会将视线转移到自己所了解的具体事物和细节上，从中研讨解决问题的对策。

但是，这就失去了捕捉本质问题的机会。捕捉本质问题需要从大的视角开始，再逐渐转移到细节上。例如，本国经济的整体动向→市场的动向（顾客和竞品）→本公司所处的位置和应对方案→本部门的应对方式。必须像这样，用"流程"捕捉整个事件的场景中发生的事情。

因此，本部分将作为按"流程"理解的第一步，具体学习捕捉宏观动向的方法及其要点。

◆**从整体到细节**

本小节学习三项内容：

①按流程理解整个事件的场景中发生的事情。

②理解本公司所处的位置和应对方案。即按流程了解事件的整体、整个事件的场景中发生的事情，继而理解本公司所处的位置和应对方案。

③提高成果（输出物）的价值。

对③进行补充说明如下。在大多数情况下，我们都是受他人所托做某件事。委托人或是顾客，或是上司，或是同事。此时，工作的完成情况因成果的输出形式而异。众多案例表明，即便内容相同，但只要在组合上稍下功夫，或是多增加一个数据，完成情况也会有大幅度的提升。了解此事与不了解此事，结果往往有很大的差异。

图2-4-1

本小节要学习的三个内容： OBJECTS

○按流程理解整个事件的场景中发生的事情。

○理解本公司所处的位置和应对方案。

○提高成果（输出物）的价值。

因此，首先要通过示例和数据观察整体，然后进入细节，最后改善内容。这里针对上述方法做展开说明。

为了按照流程理解整个事件的场景，首先必须理解市场整体。其次，通过市场整体和能够比较容易收集到的分类项目观察市场细节，即由大到小循序渐进。然而，让人感到困扰的往往是"小"指怎样的项目，又该如何细分。但是，也不需要在此处冥思苦想，因为我们的目的是提高理解度。所以，首先通过能够简单收集到或易于迅速理解的分类项目进行观察即可。

接下来是搞清楚竞争环境将会如何演变。首先，要把握平均水平。也就是说，不是要理解某个地方的某个公司，而是要理解参与竞争的企业的平均水平情况。据此，通过对比本公司和平均水平，不仅能够理解整体，还能大大理解本公司的情况。

图 2-4-2

按流程理解整个事件的场景。 LEARNING POINTS

○首先理解市场整体。

○通过市场整体和能够简单读取的分类项目观察市场细节。

○把握平均水平（整体），观察竞争环境的演变。

我们的生活方式都或多或少受到整个事件场景的影响，这些影响因素包括生活环境、打发闲暇时间的方法、职场、家人和朋友等。与此相同，企业运行也会受到整个事件场景的影响，不是企业决定整

图2-4-3

自己的生活方式也受整个事件场景的影响。

○给自己施加影响的要素

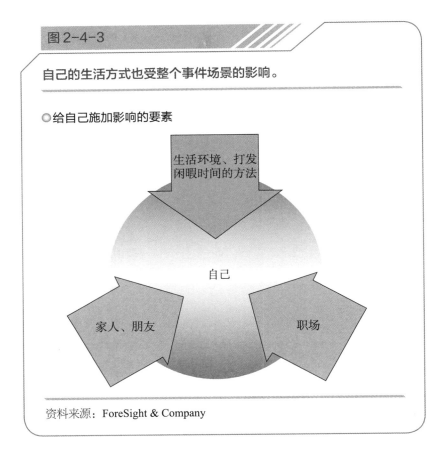

资料来源：ForeSight & Company

个事件的场景，而是企业很大程度上受顾客、竞争对手、政策放宽、技术革新等外在因素的影响。

影响因素中最为重要的是顾客。在市场持续增长的那个时代，商家致力于提供优质的商品和良好的服务，所以顾客埋单理所应当。这种"提供者的理论"一直占据着主导地位。但是，在泡沫破灭后市场不再增长的状况下，身处信息化社会中的顾客远比企业聪明，他们会根据自己的价值观和生活方式等，不断改变购买的商品和服务。如此一来，企业也必须根据顾客的需求改进商品和服务。

此外，竞品也与以往有所不同，不再仅仅是竞争对手的商品。替代品的登场、其他行业的打入等，社会上正在发生哪些变化，必须眼观六路耳听八方。我们要时常自问"竞争对手是谁"，具有这种意识十分重要。

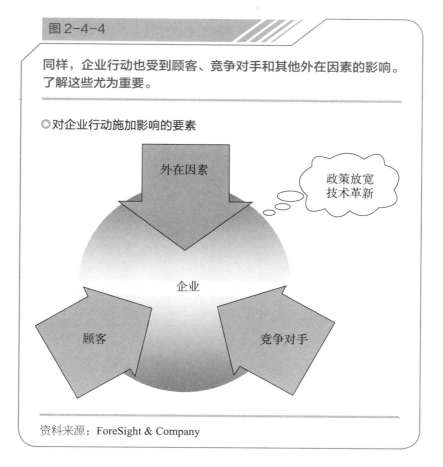

图 2-4-4

同样，企业行动也受到顾客、竞争对手和其他外在因素的影响。了解这些尤为重要。

◎对企业行动施加影响的要素

外在因素

政策放宽
技术革新

企业

顾客

竞争对手

资料来源：ForeSight & Company

例如，提到了解外在因素，如果是活跃于海外的企业和受海外形势影响的企业，其首先需要的是全球化的视角。另一方面，如果是地方性企业，首先需要的是本国经济的视角，其次是市场的视角，最后是本公司整体的视角。换句话说，此处较为重要的仍然是按照"从大（整体）到小（细节）、全球→本国→市场→公司"这种"流程"进行观察。

图 2-4-5

必须时常意识到本国经济和市场的状况会给自己带来怎样的影响。根据行业不同，有时也会需要全球化的视角。

◎所需视角

全球化的视角 → 本国经济的视角 → 市场的视角（顾客、竞争对手等）→ 公司整体的视角

资料来源：ForeSight & Company

下面用"如果你是汽车销售公司（经销商）的销售员"这个假设来思考，进一步加深理解。

作为销售员的你也许很烦恼——明明以前都能卖出去，最近却十分不景气，无论用什么方式拜访顾客，他们总是不来购买。厂家的要求也很多，网络销售商等竞争对手也会加入，情况似乎正发生着巨大变化。到底会变成什么样子呢？怎样做才好呢？

在这种情况下，重要的是按照"外在因素（了解施加影响的外在因素）→市场状况（了解市场和竞争环境）→本公司（观察自己的公司）"这个流程，按从大到小的顺序有序观察。当然还需要调查与汽车相关的信息。

图 2-4-6

以汽车销售公司 A 公司的销售人员为例，尝试着站在你的立场上加深理解。

○ 汽车销售人员的烦恼

明明以前都能卖出去，最近却十分不景气，无论用什么方式拜访顾客，他们总是不来购买。厂家的要求也很多，网络销售商等竞争对手也会加入，情况似乎正发生着巨大变化。到底会变成什么样子呢？怎样做才好呢？

资料来源：ForeSight & Company

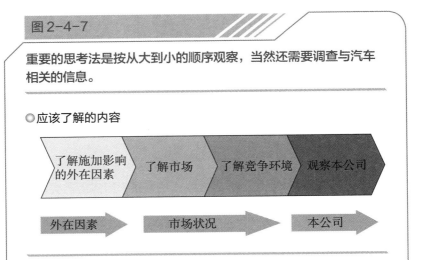

图2-4-7

重要的思考法是按从大到小的顺序观察，当然还需要调查与汽车相关的信息。

○ 应该了解的内容

了解施加影响的外在因素 — 了解市场 — 了解竞争环境 — 观察本公司

外在因素 → 市场状况 → 本公司 →

资料来源：ForeSight & Company

所以，应该考虑到这些问题：所谓思考外在因素，需要了解哪些？思考汽车销售情况时，可以作为参考的指标是什么？是否大多数人都认为本国经济状况与汽车销售情况有关呢？如果有关，为了了解经济状况，应该怎样做？或者应该会涌现出一些疑问："与其说是消费能力，不如说是消费者的购买欲如何？""虽说汽车的价格高，但是如果质量好，应该会有人买吧？"产生这些疑问是了解外在因素的第一步。

图 2-4-8

应该了解哪些外在因素，此外应该了解为思考汽车销售情况可以
提供的参考有哪些。

○ 了解外在因素

本国的经济状况是否与汽车销售情况有关？如果有
关，为了了解经济状况，应该怎样做？

与其说是消费能力，不如说是消费者的购买欲如何？

虽说汽车的价格高，但是如果质量好，应该会有人
买吧？

资料来源：ForeSight & Company

◆ 代表性指标的使用方法

综合判断经济状况的第一个代表性指标是经济增长率，即 GDP
（国内生产总值）增长率。通过观察其变化，可明白本国经济是如何
发展起来的，与过去对比，如今的经济状况将会如何演变，本国经济
今后是否会变好。

图 2-4-9

在综合判断经济状况时，首先要观察经济增长率（此处指 GDP 增长率），了解其状况的好坏及其程度。

○ 了解经济状况的动向

本国经济是如何增长起来的？

与过去对比，如今的经济状况将会如何演变？

今后本国经济是否会变好？

经济增长率
∥
GDP增长率

国民年度创造的附加价值

资料来源：ForeSight & Company

　　如图 2–4–10，纵观 1967 年到 2000 年日本的 GDP 实际增长率可知，1974 年和 1990 年以后出现大幅度下滑分别是因为石油危机和泡沫破灭；1996 年的暂时性回升是因为消费税率提高前的需求猛增；之后的 1998 年，金融危机导致经济急剧后退，创下了 1974 年石油危机后 24 年以来的负增长。按照这种方法追踪 GDP 增长率的变化，就能明白日本经济状况较差的原因。

图 2-4-10

观察 GDP 增长率，即可充分明白日本经济状况的动向。1990
年泡沫破灭、1998 年金融危机导致经济状况急剧倒退，达到时
隔 24 年的负增长。

○实际 GDP 增长率（1967～2000 年）

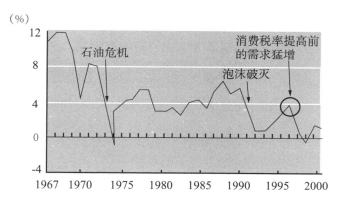

资料来源：经济统计年报、报纸摘要

另一个指标是消费倾向。它是指在可支配收入（自己能够自由
使用的金钱）中，人们用于购买商品的钱这个数据。纵观 1970 年到
2000 年的变化可知，自 20 世纪 80 年代中期开始，日本的平均消费
倾向（消费支出在可支配收入中的比率）持续下降，与上一年度相
比，1993 年以后的实际消费支出呈负增长。

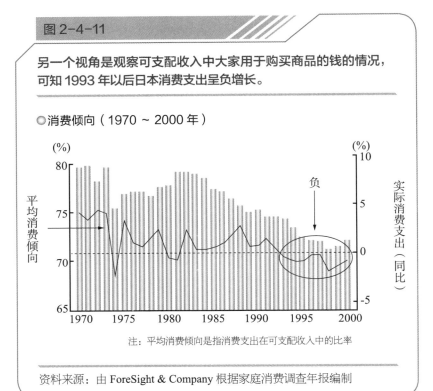

图 2-4-11

另一个视角是观察可支配收入中大家用于购买商品的钱的情况，可知 1993 年以后日本消费支出呈负增长。

○ 消费倾向（1970 ~ 2000 年）

平均消费倾向

实际消费支出（同比）

负

注：平均消费倾向是指消费支出在可支配收入中的比率

资料来源：由 ForeSight & Company 根据家庭消费调查年报编制

　　概括来说，就是大家不肯消费，都把钱存了起来。也许是因为害怕产业重组而失业，所以大家都努力存款。总之，大家都把钱包握得紧紧的，不肯消费。

　　另一方面，纵观泡沫破灭后日本的家庭消费变化（图 2-4-12，1990 ~ 2000 年同比增长率的平均水平）可知，衣服、鞋子、家具、家政用品、食品、教育等所谓生活用品的消费下滑，而房屋（房租）、医疗保健、照明、燃气、供水、交通、通信等必需品的消费有所增

长，可能也把购买汽车视为必需品消费，年均增长 1.8%。如果能像这
样发现新的含义，将会增加很多乐趣。

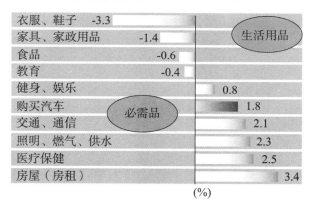

图 2-4-12

但是，与一般生活用品相比可知，汽车也可能被视为必需品，其
需求量正在逐渐增长。

○泡沫破灭后家庭消费的变化（1990 ~ 2000 年）

衣服、鞋子 -3.3	生活用品
家具、家政用品 -1.4	
食品 -0.6	
教育 -0.4	
健身、娱乐 0.8	
购买汽车 1.8	必需品
交通、通信 2.1	
照明、燃气、供水 2.3	
医疗保健 2.5	
房屋（房租） 3.4	
(%)	

资料来源：由 ForeSight & Company 根据家庭消费调查年报编制

　　然而，调查各类数据后发现，也有一些多余的信息。日本"排
名前十位行业的年销售额——零售业"这种宏观指标就是这样的。汽
车零售业销售额占所有零售业销售额的 12%，销售额仅次于百货商
店，可以说是支柱产业。事实的确如此。但是，其他零售业与汽车销
售毫无关系，二者没有可比性。虽说是按"从大到小"的顺序思考，

但是这个指标不对汽车销售造成影响，也不会对汽车销售公司的销售发挥作用，因此不需要特意制作图表。当然，了解了这些信息也没有坏处，只是思考时要省略其中与主题无关的宏观指标。

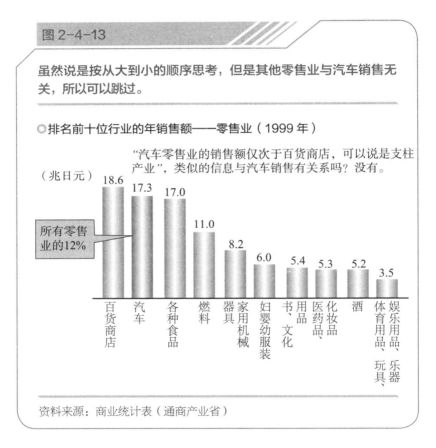

图 2-4-13

虽然说是按从大到小的顺序思考，但是其他零售业与汽车销售无关，所以可以跳过。

○排名前十位行业的年销售额——零售业（1999 年）

"汽车零售业的销售额仅次于百货商店，可以说是支柱产业"，类似的信息与汽车销售有关系吗？没有。

（兆日元）

所有零售业的12%

- 百货商店 18.6
- 汽车 17.3
- 各种食品 17.0
- 燃料 11.0
- 家用机械器具 8.2
- 妇婴幼服装 6.0
- 书、文化用品 5.4
- 医药品、化妆品 5.3
- 酒 5.2
- 娱乐用品、乐器、体育用品、玩具 3.5

资料来源：商业统计表（通商产业省）

那么，综合以上宏观指标，我们能够明白些什么呢？很明显已经无法期待昔日的经济高增长。虽然顾客把钱包握得紧紧的，但是他们还是会把钱用于购买必需品，而且汽车似乎被视为必需品。如此看来，由于经济状况差，如果不好好努力，大概不能提升业绩，但是有些做法也能行得通。如果销售人员能够考虑到上述内容，就再好不过了。如上所述，希望大家养成随时在大脑中思考"概括起来是什么"的习惯。

图 2-4-14

根据现有的信息，能够明白什么？

◎能够明白什么呢？

> 经济状况差，
> 如果不好好努力，
> 大概不能提升业绩，
> 但是有些做法也能行得通。

> 已经无法期待昔日的经济高增长。

> 顾客把钱包握得紧紧的。但是，汽车可能被视为必需品。

资料来源：ForeSight & Company

让我们再次整理一下前文所述的要点。

①按"外在因素→市场状况→本公司所处的位置和应对方案，从整体到细节，从大到小"的顺序展开。虽说要"理解整个事件的场

景"，但是也不能直接从自身所处的场景开始，必须从大的场景开始依次观察。

②宏观方面，选择给汽车销售施加影响的经济指标。

③如果明白了一些"事实"，例如 GDP 增长率、消费倾向、家庭消费等数据，要时常考虑"概括起来是什么"，不要以"原来是这样啊"结束工作，重要的是要有"如此看来，结合这三个图表，可以这样表达"的意识。

④即使是已经了解到的信息，思考时也可以省略其中与汽车销售无关的宏观指标。在无关的信息上耗费精力，既无意义，又浪费时间。因此，在了解整体的过程中，预估可能有关的信息，并对其展开调查，这种"张弛有度的探索"极其重要。

图 2-4-15

前文的要点：　　　　　　　CHECK POINTS

○ 按外在因素、市场状况、本公司所处的位置和应对方案，即按从大到小的顺序展开。

○ 宏观方面，选择给汽车销售施加影响的经济指标。

○ 如果明白了一些"事实"，要时常考虑"概括起来是什么"。

○ 即使是已经了解到的信息，思考时也可以省略其中与汽车销售无关的宏观指标。

如何应对市场变化

根据经济增长率和实际消费支出等指标捕捉到本国经济整体的宏观动向之后，接下来的第二步"流程"是，必须从顾客和竞品等切入点捕捉市场状况，理解正在发生的变化。理解市场时，按照"从大到小"的流程进行捕捉同样很重要。

于是，本小节我们将学习从"顾客"这个视角切入捕捉市场的具体流程，同时学习思考"概括起来是什么"的要点。

◆市场的视角——从整体到细节观察

此处的流程为，首先在理解市场整体的基础上观察细节。市场的细节通过可容易获取的分类项目验证。此外，整体竞争环境将会如何演变这个情况，也需要事先通过行业平均水平掌握。

作为示例，我们从市场的视角来思考汽车销售的动向。大概大多数汽车经销商的销售负责人即使已经把握了自己所在公司的数据和自己负责区域的数据，也不一定了解本国的宏观数据，即使有所了解，也认为与自己无关吧。但是，这种想法却大错特错。按照"本国经济的视角→顾客和竞争对手等市场的视角→公司整体的视角"这个顺序进行观察十分重要。虽然感觉冗长烦琐，但是无论何时，都要按从大（整体）到小（细节）的顺序展开，这样才易于理解。

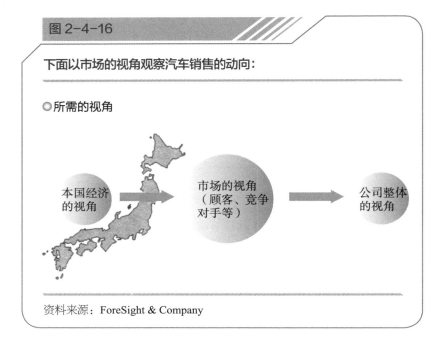

图 2-4-16

下面以市场的视角观察汽车销售的动向：

○ 所需的视角

本国经济的视角 → 市场的视角（顾客、竞争对手等） → 公司整体的视角

资料来源：ForeSight & Company

那么，我们就来观察一下汽车市场的具体情况。要想理解市场，需要按照"抓住市场的大趋势→思考细分市场的项目→思考项目的重要程度并获取数据"这个顺序，思考项目的重要程度（从重要度高的项目开始选择，意在尽可能地减少浪费，高效利用时间）。

要想抓住汽车市场的大趋势，最初必须理解"汽车市场指的是什么"。它是指生产台数吗？但是生产台数包含出口数量，因此这个推测似乎不成立。这样推测，如果能想到新车注册台数，就再好不过了。

图 2-4-17

首先，观察市场的具体情况。

◉ **理解市场**

| 抓住市场的大趋势 | 思考细分市场的项目 | 思考项目的重要程度并获取数据 |

资料来源：ForeSight & Company

接下来，我们来调查日本新车注册台数（乘用车）的数据。观察过去 40 年间的趋势可知，20 世纪 60 年代的高速增长期劲头十足，持续增长；70 年代受石油危机的影响，转为微增长；80 年代末的泡沫期急剧增长；90 年代泡沫破灭后呈下滑趋势。概括起来可知，近段时期，汽车销售量逐渐下降。

汽车市场今时不同往日，不再急剧增长，明白了这一点之后，我们来了解其具体情况。因为新车注册台数较少，所以顾客逐渐不再购买新车，事实就是如此。但是，因为汽车是必需品，所以顾客应该也不会完全没有车辆。如此想来，使用车辆的时间可能会变长。实际上，与以前相比，最近我自己使用车辆的时间也较长。那么，接下来要观察一下持有时间的概况。如果能做上述思考，就算很好了。

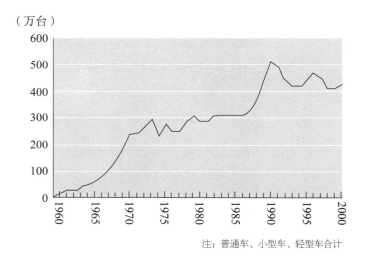

图 2-4-18

观察过去 40 年间的趋势能够充分明白,新车注册台数以 1990 年为峰值,之后呈下滑趋势。

○新车注册台数——乘用车(1959 ~ 2000 年)

(万台)

注:普通车、小型车、轻型车合计

资料来源:《汽车统计月报》(汽车销售协会联合会)

　　调查汽车持有年限的数据可知,在 1989 ~ 1999 年的 10 年间,平均持有年限由 5.1 年延长到 5.9 年。驾乘同一台车 7 年以上的人由 1989 年的 32% 增加至 1999 年的 49%。

　　此数据可以验证如下假设:市场的整体趋势是顾客控制着换新。也就是说,顾客一旦购买了车辆,便不会在短期内换新车。所以,可以说新车销量在逐渐下降。我们也可以明白，事到如今，整体来说市场都未增长，也无法期待今后会增长。

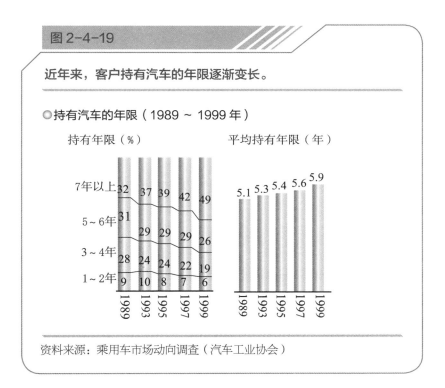

图 2-4-19

近年来，客户持有汽车的年限逐渐变长。

○持有汽车的年限（1989 ～ 1999 年）

持有年限（%）

平均持有年限（年）
5.1　5.3　5.4　5.6　5.9
1989　1993　1995　1997　1999

7年以上　32　37　39　42　49
5～6年　31
3～4年　29　29　29　26
　　　　28　24　24　22　19
1～2年　9　10　8　7　6
1989　1993　1995　1997　1999

资料来源：乘用车市场动向调查（汽车工业协会）

◆让思考随时推进

　　但是，不能就此停止思考，否则极有可能产生消极思想，认为如果市场不扩张，销售不出产品也无可奈何。如此就不能称为合格的销售员。此时，必须思考，如果更加细致地观察市场，是否存在能扩张的领域。我们从最初就得知日本经济处于低迷状态，即使是牵引日本经济的支柱产业——汽车行业，在日本国内的状况也非常不乐观。

难道所有的车型销量都很差吗？其中，顾客在购买一些款式的汽车前也会等上半年。因此，应该也会分为销量好与不好两种情况吧？如果这样进行细致观察，就会发现市场能够增长的地方。能思考到这一点，十分重要。

能够做出这种思考的销售员，在日常工作中，对销量好的车辆（顾客需求的车辆）敏感度会逐渐提高，从而能够积极地销售这类车辆。无论是面对怎样的市场，他们都能联想到通过市场细分化，探寻能够增长的领域。

那么，"市场细分化"指的是什么呢？虽然统计书等中也出现过一些

图2-4-20

通过细分化，探寻能够增长的领域。

○**市场的整体趋势**

新车销量逐渐下降。

顾客一旦购买了车辆，便不会在短期内换新车。

——事到如今，市场整体上都未增长，也无法期待今后会增长。

——但是，如果更加细致地观察市场，是否存在能扩张的领域。

资料来源：ForeSight & Company

分类项目，但是与其相比，倒不如在脑海中回想道路上实际行驶的汽车。

例如，道路上行驶着的不仅有国产车，也有很多进口车。于是有人就想：进口车是否也很有人气呢？大概会进口多少呢？另外，进入市场的汽车有新车和二手车，于是有人便留意到：最近专门买二手车的客户逐渐增多，不同程度的二手车大量上市。那么，二手车的市场情况如何呢？此外，汽车的用途因大客车、双座小轿车、休闲车等类型而异，也有小型车、中型车、大型车、轻型车等尺寸差异。于是肯定也有人在想：如果按这种方式分类，又是怎样的一种状况呢？如果能够注意到国产车与进口车、新车与二手车、轿车与休闲车、大型车与轻型车的差异，即注意市场细分化的差异，可谓难能可贵。

图 2-4-21

"市场细分化"指的是什么？需要观察什么？

○ 市场细分化

回想行驶着的汽车

——不仅仅是国产车，最近进口车也颇具人气。大概涌入了多少台进口车？

——应该不仅有新车，也有二手车。

——各个车辆的用途不同。如轿车与休闲车的差异。观察这些，能发现什么呢？

资料来源：ForeSight & Company

注意到这些之后，下一步是实际调查其中的数据。首先调查进口车的市场动向。进口车占所售新车的比例，1970 年仅为 1%，1980 年为 2%，1990 年为 5%，2000 年增加至 9%。如果将此数据绘制成表示增长程度的图表，可清晰地了解，与日本国产车相比，进口车是如何快速扩张的。虽然近些年进口汽车销量稍有下滑，但是总体增长幅度较大。正如所思考的，进口车的确在扩张。若将此进一步细分，就会想要了解是什么样的进口车在扩张。这无疑又是一个非常重要的想法。

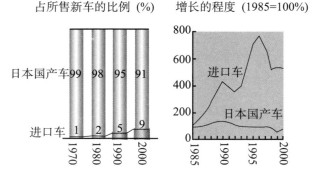

图 2-4-22

日本市场进口车的占有率与日本国产车的增长对比，进口车市场占有率在全力扩张。

○ 进口车的市场动向（1970 ~ 2000 年）

占所售新车的比例 (%)　　　增长的程度 (1985=100%)

资料来源：日本汽车销售协会联合会、日本汽车进口工会

对比新车与二手车的销量不难发现：观察乘用车的销售台数可知，20 世纪 90 年代泡沫破灭之后，与新车销量相比，二手车销量呈扩张态势。即使观察年均增长率也能看出，1986 ～ 1990 年新车年均增长率为 9.4%，二手车增长率为 4.1%；而 1990 ～ 2000 年，新车销售增长率出现大幅度下滑，为 –3.6%，二手车却增加 1.2%。由此可知，并不是所有的车都销售不出去。

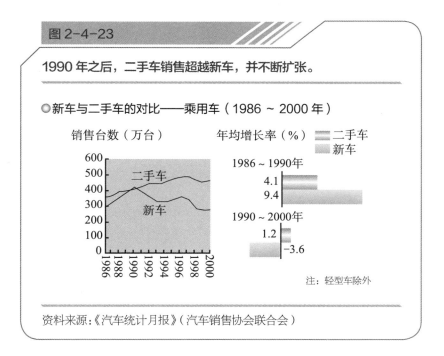

图 2-4-23

1990 年之后，二手车销售超越新车，并不断扩张。

新车与二手车的对比——乘用车（1986 ～ 2000 年）

资料来源：《汽车统计月报》（汽车销售协会联合会）

接下来，观察消费者持有车辆的各种用途、尺寸的数据。1989 年仅占日本市场 5% 份额的休闲系车辆和占比不过 3% 的轻型车的比例逐年增加。时至 1999 年，休闲系车占 30% 的市场份额，占据第一，轻型车也占据 17% 的市场份额。而另一方面，小型车的市场占有率从 47% 降至 26%，大众车的市场占有率由 38% 降至 20%。

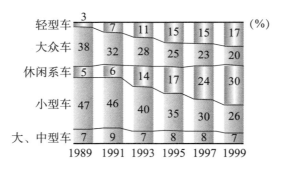

图 2-4-24

观察消费者持有的车辆，也能明白休闲系车和轻型车的市场占有率大幅度增加。

● 持有怎样的车辆（1989~1999 年）

	1989	1991	1993	1995	1997	1999	(%)
轻型车	3	7	11	15	15	17	
大众车	38	32	28	25	23	20	
休闲系车	5	6	14	17	24	30	
小型车	47	46	40	35	30	26	
大、中型车	7	9	7	8	8	7	

注：休闲系车为包含平头货车（cab wagon）和长头货车（bonnet wagon）的数据

资料来源：乘用车市场动向调查会（汽车工业协会）

◆ **时刻思考"概括起来是什么"**

虽然有些喋喋不休，但是此处还要再说说"概括起来是什么"。整体来看，日本国内的汽车市场处于萎缩状态。经济泡沫破灭后，新车注册台数持续下降。但是，观察其实际情况可知，进口车、二手车、休闲系车、轻型车的市场占有率正在增长，日本国产车正在向进口车、新车向二手车、大众车和小型车向休闲系车和轻型车转换，特别是休闲系车市场已经完全固定。对于汽车经销店的销售人员来说，发现这类事实有着非常重要的意义。

图2-4-25

汇总"概括起来是什么"。

◎**理解市场**

市场变化较大，顾客的购买意向也有很大的改变。购买倾向由新车向二手车、大众车向轻型车转换。此外，可以说休闲系车也有了稳固的市场。

如果市场改变，那么，应该会给销售汽车的你带来很大影响，例如需要变更应对措施等。

资料来源：ForeSight & Company

换句话说，顾客的购买意向与以前相比有很大的不同，市场状况也不断变化。因此，销售人员必须改变销售方法，向公司提出方案。如果不了解这个现状，仍然一成不变地采取与 10 年前相同的销售方法，那么只能说他是一名不合格的销售员。

下面我们来整理一下前文所述的要点：

①观察市场时，首先把握整体趋势，了解大趋势的情况。具体

来说，就是要了解市场是否在增长。即使市场不增长，也无须悲观，必然会有正在增长的领域。

②把握了整体的趋势后，接下来要思考或观察构成市场的更加细小的项目，并尝试掌握其数据。

③之后，探索市场有无变化或其有什么特征，抓住事实，掌握发生的状况。

将结果汇总起来，即思考"概括起来是什么"。将这种思考方式变为一种习惯极其重要。

图 2-4-26

前文的要点：

CHECK POINTS

- 观察市场时，首先要把握整体趋势，观察市场是否在增长。
- 把握了整体的趋势后，要思考构成市场的更加细小的项目，并尝试掌握其数据。
- 探索市场有无变化或其有什么特征，抓住事实，掌握发生的状况。

如何应对竞争对手

理解市场时，需要从"顾客"和"竞品"这样的切入点进行捕捉。承接上一节有关"顾客"的内容，我们在本节学习从"竞品"

这个切入点捕捉市场时的具体流程和要点。

按照"从大到小"的流程进行捕捉同样很重要，特别是"寻找优秀企业，理解其应对措施"这一点尤为重要。

此外，也不能忘记思考"概括起来是什么"。

◆ **了解竞争环境的重要性**

要想解决问题，首先必须理解本质问题。其第一个阶段，正如前一节所述，是"按流程理解整个事件的场景"。首先，从本国经济这个整体场景（大处）开始理解。其次，理解整体市场，通过能够简单获取或大家观察后能够立刻明白的分类项目观察市场细节（小处）。据此，抓住对市场情况的整体印象。

本小节是"按流程理解整个事件的场景"的第二阶段，针对"竞争环境的情况"展开研讨。此时，也会通过平均水平掌握竞争环境的整体情况。

图2-4-27

下面了解竞争环境：

○ 了解竞争环境

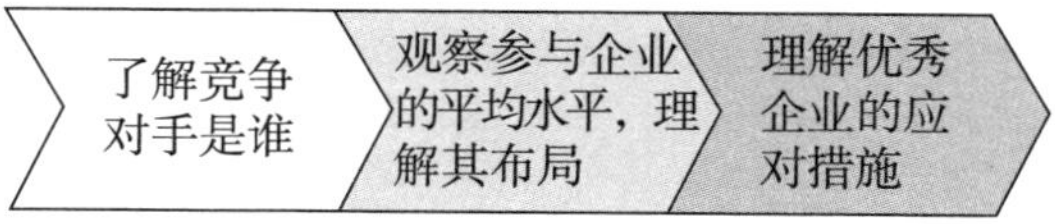

了解竞争对手是谁 → 观察参与企业的平均水平，理解其布局 → 理解优秀企业的应对措施

资料来源：ForeSight & Company

　　了解竞争环境时，按照"了解竞争对手是谁→观察参与企业的平均水平，理解其布局→理解优秀企业的应对措施"这个顺序展开。换句话说，此处仍然需要按照流程观察。

　　其中最为重要的是了解"竞争对手是谁"。希望大家思考的不是"大家认为的竞争对手是谁"这个问题，因为在大多数情况下，大家都会把以前交过手的企业视为竞争对手，然而现实情况可能并非如此。因为随着互联网这种新型工具的登场，迄今为止从未想到过的事物也逐渐被视为竞争对手。

　　快餐业界的竞争就是一个浅显易懂的例子。在快餐业界，如果问到"竞争对手是谁"，之前的答案都是同行业其他公司的名字。例如，如果提到"麦当劳"，其竞争对手则是类似"摩斯汉堡"这种规模的公司。

　　但是，也有人说，在快餐业界，"竞争对手是手机"。因为女高中生和女大学生花费了大量的钱在手机话费上，所以去快餐店的次数和消费的钱数都在减少。如果对其进行广义解释，则可以说，出现了新的竞争对手，或竞争对手已有所改变。因此，我们要时刻思考并理解"竞争对手是谁"，这一点极其重要。

　　承接前一节，继续拿汽车经销商的案例来思考。对于汽车经销商来说，竞争对手会是谁呢？虽然各个汽车生产商可能在一个县设有一个或多个经销点，但是由于采用的是推销区制度，所以，竞争对手首先是在其区域内争夺顾客的其他厂家的销售公司，或者是隶属于同一个生产厂家但销售其他系列车型的销售公司。

　　另外一个方面是，能够想到怎样的竞争对手？例如二手车专营店。近年来，有些公司只专注于二手车的销售。在前一节中观察大的趋势时，已得知二手车的销售额正在扩张。如果是这样，不同厂家的二手车专营店就能成为经销商的威胁。因此，有必要将其视为竞争对手。

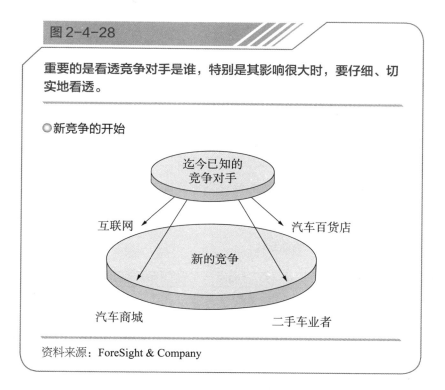

图 2-4-28

重要的是看透竞争对手是谁，特别是其影响很大时，要仔细、切实地看透。

○新竞争的开始

迄今已知的竞争对手

互联网　　　　　　　　汽车百货店

新的竞争

汽车商城　　　　　　二手车业者

资料来源：ForeSight & Company

　　抑或是互联网。互联网商业的确正在发力，影响非常大。另外，还包括汽车商城和汇集各个厂家的汽车、被称为"汽车百货店"的经营者。也就是说，新的竞争已然开始，需要事先了解其现状。

◆ **掌握与新竞争对手作战的方法**

任何人都应该知道与已知的竞争对手作战的方法，脑海中会浮现出竞争对手将采取怎样的措施，自己又该如何应对的场景。这类问题应该无须再思考。

但是，和新竞争对手作战与跟以前的竞争对手作战的方法完全不同。如果对新竞争对手采取以往的方法，必败无疑。我们自己也必须改变作战方法，特别是新竞争对手对自己的影响较大时，需要切实看透这一点。与以前的竞争对手相同，了解新竞争对手，考虑应该采取怎样的作战方法，这些内容也很重要。

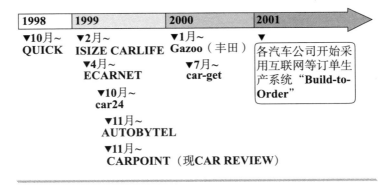

图 2-4-29

如果理解了互联网行业竞争参与者等的情况，就能够推测其影响力的大小。

○ 互联网行业的竞争参与者

1998	1999	2000	2001
▼10月~ QUICK	▼2月~ ISIZE CARLIFE	▼1月~ Gazoo（丰田）	▼ 各汽车公司开始采用互联网等订单生产系统"Build-to-Order"
	▼4月~ ECARNET	▼7月~ car-get	
	▼10月~ car24		
	▼11月~ AUTOBYTEL		
	▼11月~ CARPOINT（现CAR REVIEW）		

资料来源：各公司发布的资料

　　例如，如果了解了互联网汽车销售业新竞争参与者的状况，就能推测其影响力的大小。观察时间轴上 1998 年以后的趋势可知，1999 年的新竞争参与者特别多，2001 年的各汽车生产企业开始采用互联网等订单生产系统 "Build-to-Order"。如果新竞争参与者按照这种情况相继出现，那么我们大概就能明白，互联网汽车销售非常兴盛，已经达到不容原有经销商无视的状况。竞争对手如此多样化，表明原有经销商所处的环境日益恶劣。

图 2-4-30

整理一下整体发生的事情：

●竞争环境的变化

竞争对手与以前相比，有所变化！

各类公司重新参与到汽车销售中！

——因此，对于经销商来说，竞争更加严峻！

——通过数据观察经销商的动向！

资料来源：ForeSight & Company

　　相信大家当中会有一部分人说："不，那些事情我早就了解了。"

然而，通过数据和具体的事实观察过"那些事情"的人基本上没有几个吧。大家说的所谓"了解"，大多数情况下实际上只限于如下程度：曾经听到过这些内容，或者曾经在报纸或杂志上看到过，或者在业界或公司中说起过。

仅仅是通过传言听到、在报纸和杂志上看到、在电视上看到，还不足以称为"了解"。也就是说，在通过从大到小的顺序展开时，如果不充分把握数据和事实，则不能称为"了解"。

那么，我们一起用数据来观察汽车经销商的动向。要想理解汽车销售界的布局，需要了解业界的平均水平。此时，本来应该调查二手车专营店和互联网销售业者等各类竞争对手，但首先必须看透汽车销售业中占据最大比例的全国汽车经销商的平均水平。具体来说，是指盈利结构的情况。概括起来，就是需要把握"是否盈利、为什么盈利、在哪个领域盈利"的问题。

下面来看一下日本汽车销售协会联合会公布的《汽车经销商经营状况调查报告书》。乘用车经销店的平均销售额增长（1990～1999年）中的平均水平虽有1996年消费税率提高前的需求猛增部分，但是平均来看，年均增长率为–0.9%。从这里可知，经济泡沫破灭后的9年间，销售额在不断减少。

另外，观察平均利润率可知，毛利润率维持在16%左右，并未大幅度减少。但是，税前纯利润率由1996年（消费税率提高前的需求猛增）的1.2%下滑至1998年的0.2%、1999年的0.6%，也就是说，不再盈利。

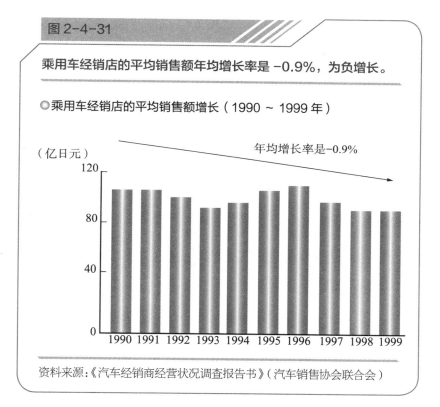

图 2-4-31

乘用车经销店的平均销售额年均增长率是 −0.9%，为负增长。

◎ 乘用车经销店的平均销售额增长（1990 ~ 1999 年）

（亿日元）

年均增长率是−0.9%

资料来源：《汽车经销商经营状况调查报告书》（汽车销售协会联合会）

　　也许有人会想："经销商应该不只销售新车，还会销售二手车。如果分开观察两者，将是怎样的情况呢？"这类人堪称不同寻常。因为对于任何事情都抱有疑问非常重要，抱有疑问可以让人产生想要进一步详细了解的欲望。换个表达方式，即为"分析"。分析绝非易事，而是指详细调查和思考，以便能够理解。

　　观察乘用车经销店各个部门的平均毛利润率可知，新车销售的毛利润率逐年降低，而二手车销售的毛利润率逐年上升。即使经销商开始考虑通过销售二手车盈利，也并非不可思议。

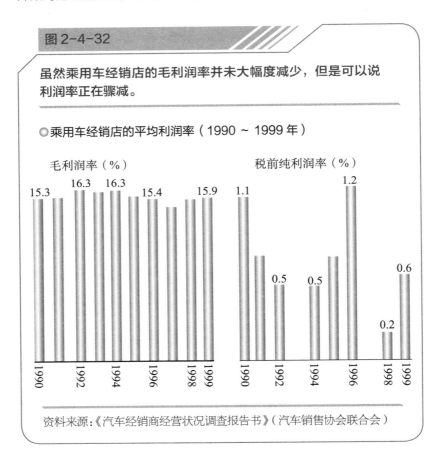

图 2-4-32

虽然乘用车经销店的毛利润率并未大幅度减少，但是可以说利润率正在骤减。

○乘用车经销店的平均利润率（1990～1999年）

毛利润率（%）

15.3　16.3　16.3　15.4　15.9

税前纯利润率（%）

1.1　0.5　0.5　1.2　0.2　0.6

1990　1992　1994　1996　1998　1999

1990　1992　1994　1996　1998　1999

资料来源：《汽车经销商经营状况调查报告书》（汽车销售协会联合会）

◆注意正在发生变化的事情

在这个阶段，我们一起概括正在发生变化的事情，即"概括起来是什么"。虽然已经重复多遍，但还是希望大家养成时刻思考的习惯，思考通过一些数据能够明白什么、能够说出什么。例如，正如在市场（顾客）中所见，顾客的注意力已经由新车转移到二手车。当然，并非所有的行情都已发生改变，只是对于二手车的需求在大幅度提升。或许可以说，与此同时，经销商也有所改变，将其一部分精力由销售新车投入到销售二手车。

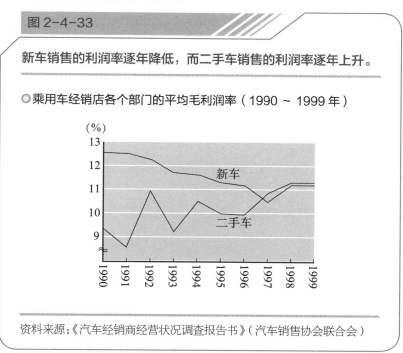

图 2-4-33

新车销售的利润率逐年降低，而二手车销售的利润率逐年上升。

◎乘用车经销店各个部门的平均毛利润率（1990 ～ 1999 年）

资料来源：《汽车经销商经营状况调查报告书》（汽车销售协会联合会）

那么，接下来你是否会对"优秀的汽车经销商正在做什么"产生兴趣呢？即使是同一业界，也有业绩好的企业和业绩差的企业之分。无论是多么低迷的行业，也总有扩张业绩的企业，而这类企业一定在做着不同于其他企业的工作。

因此，在观察竞争对手时，千万不能忘记了解优秀企业，以便向其学习。在全国的汽车经销商中，有没有采取新的应对措施并提高成果的优秀企业呢？如果有，其采取了怎样的应对措施？这些企业有哪些共同点？必须从这些方面进行调查并加以理解。优秀企业一定会有共同点，所以了解其共同点很重要。

下面通过阅读商业杂志和报纸，简单整理优秀经销商的应对措施。例如，"名古屋 Toyopet"由原来的以新车销售为中心转变为彻底强化售后服务。"本田 Verno 东海店"不采取一直被视为业界常识的上门销售，而是强化请顾客来到店里的"到店销售"。又或者"日产

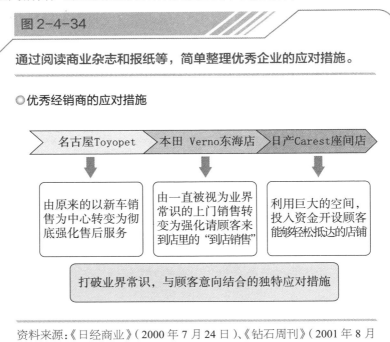

图 2-4-34

通过阅读商业杂志和报纸等，简单整理优秀企业的应对措施。

○优秀经销商的应对措施

名古屋Toyopet	本田 Verno东海店	日产Carest座间店
由原来的以新车销售为中心转变为彻底强化售后服务	由一直被视为业界常识的上门销售转变为强化请顾客来到店里的"到店销售"	利用巨大的空间，投入资金开设顾客能够轻松抵达的店铺

打破业界常识，与顾客意向结合的独特应对措施

资料来源：《日经商业》（2000 年 7 月 24 日）、《钻石周刊》（2001 年 8 月 11 日、18 日）

Carest 座间店"利用巨大的空间，投入资金开设顾客能够轻松抵达的店铺。这些都可以称得上是打破业界常识，与顾客意向结合的独特应对措施。

换句话说，至今一直被视为业界常识的事情已不再是常识，所以这些应对措施均作为优秀企业的共同点出现，如果是这样，则可谓是绝好的发现。

于是，如果要汇总"明白了什么"，则大概可概括为以下两点：

①优秀企业回归原点，一直致力于思考"顾客的需求是什么"。

②只有采取新的应对措施，能够在新的竞争中取胜的企业才能够生存。

如果销售员注意到这些，并且为了生存思考到自己也尝试在新的应对措施上下功夫，这样就很好。此外，如果想要提议公司进行改变，才是真正拥有了"解决问题的决心"。

接下来，对于竞争环境，要汇总"概括起来是什么"。话不多说，直奔主题。经济泡沫破灭后，新的竞争开始。对于汽车业界来说，也出现了新的竞争对手，因此需要新的作战方法。优秀企业通过采取新的应对措施，以生存为赌注，一决胜负。其中，回首思考自己的公司正在采取怎样的应对措施，如果没有采取任何新的应对措施，自己必须在这方面努力，并向公司提议。

图 2-4-35

对于竞争环境，汇总"概括起来是什么"。

◎ **了解竞争环境**

经济泡沫破灭后，新的竞争开始。对于汽车业界来说，也出现了新的竞争对手，因此需要新的作战方法。优秀企业通过采取新的应对措施，以生存为赌注，一决胜负。其中，本公司正在采取怎样的应对措施。

资料来源：ForeSight & Company

最后，整理一下前文所述的要点。

①首先理解竞争对手是谁，进而理解其对业界产生了怎样的影响。但是，如果出现了新的竞争对手，在没有什么重大影响时，也许还不需要详细调查。

②通过观察业界的平均水平，把握业界的布局。特别是要理解盈利结构（是否盈利），此事尤为重要。

③养成时刻汇总"概括起来是什么"的习惯。

请将以上三点牢记在脑子中。

图 2-4-36

前文的要点：　　　　　　　CHECK POINTS

○ 首先理解竞争对手是谁，进而理解其对业界产生了怎样的影响。

○ 通过观察业界的平均水平，把握业界的布局。特别是要理解盈利结构，此事尤为重要。

○ 养成时刻汇总"概括起来是什么"的习惯。

成果思考：如何得到对解决问题有价值的方案

在前文中，我们介绍了按照"从大（整体）到小（细节）"的流程理解自己公司所处的位置和应对方案，接着"分析"了导致其结果的原因。本课的最后，进入"汇总"的步骤，汇总通过之前的工作搞清楚了什么事情。

这个步骤非常重要，如果因为汇总方法不恰当，导致自己想表达的思想不能充分传达给对方，那么迄今所做的努力只能全部付诸东流。

于是，这部分我们将学习"汇总成果"的方法，即整理信息，寻找到"概括起来是什么"，并汇总成易于对方理解的文章要点。

◆ 全力以赴，彻底提高成果的价值

"提高成果的价值"是指使自己做的工作更加完美和有意义、内

容更加充实。为了达到这个目的，我们应该做些什么呢？方法有三个：探求原因、改变调查视角、在汇总方法上下功夫。

其中，最后一点"在汇总方法上下功夫"很重要。很多人虽然工作做得很漂亮，但是在最后的汇总方法上，险些降低其价值。明明调查到了质量非常高的信息，但是因为不能很好地用文章表达出来，导致不能详尽准确地传达要表达的意思，让人晕头转向。最终，以辛辛苦苦得到的内容不能传达这个结果而收场。

当然，在会议中，即使只是交换看法和展示不完整的汇总，也能在某种程度上表达个人的观点。但是，如果当时没有完美地将自己所做的事情整理出来，并简单易懂地展现出来，就无法将全部内容传达给听者。如此一来，曾经的努力将全部付诸东流。反之，如果整理汇总成易于对方理解的内容，其价值会提高数倍。因此，在汇总方法上下功夫十分重要。

图2-4-37

提高成果的价值： LEARNING POINTS

○探求原因。

○改变调查视角。

○在汇总方法上下功夫。

其方法包括三点：

①将要点汇总为三个。

②思考"概括起来是什么"。

③编写文章。

例如，前面我们观察了很多关于汽车的数据，包括汽车产业的增长率、持有汽车的年限、新车注册台数、二手车销售台数、消费支

图 2-4-38

能否从迄今为止与汽车相关的信息中总结出"概括起来是什么意思"。

○众多的信息

乘用车经销店的亏损率　　降价　　某一时刻用车的比例　　活动

GDP增长　　利润率增长——新车——二手车　　轻型车的市场占有率　　消费支出和消费倾向

DM（快讯商品广告）

厂家的市场占有率　　各产业的销售额动向　　生产率　　各车型的销售台数

持有汽车年限　　全国新车注册台数　　本公司的生产率

本公司销售额增长　　顾客满意度　　本公司盈利结构　　新竞争参与者

休闲车比例　　促销数量　　重复率

汽车产业的增长率　　二手车销售台数　　进口车台数　　各年代买入的汽车

各县的销售台数　　新车发售信息

资料来源：ForeSight & Company

出与消费倾向、新竞争参与者等。但是，大家能否将其汇总，说出"概括起来就是……"？由于信息量过多，恐怕不能完整地汇总。

人类的脑力是有限的，基本上遵循"万事皆三"，也就是说人的大脑通常最多能非常清晰地记忆三个左右的内容。可能大家认为可以记住五个或七个，但是真正能做到的人少之又少。而且如果要求记住五六个内容，那么仅仅听到这个数据就已经觉得很疲惫了。反言之，如果是三个内容，就能够意外地轻易消化。因此，前面的说明也大致将要点集中为三点。

图 2-4-39

"脑力"的极限：

◎ "万事皆三"

人类的大脑最多能非常清晰地记忆三个左右的事项

资料来源：ForeSight & Company

如果没有将要点汇总完整，而是毫无顺序杂乱地进行说明，那么听者基本上不能理解。下面我们通过上司和下属的对话展开思考。例如，上司突然问道："这是关于汽车市场状况的调查，但是你们到底明白了些什么?"此时,给出上司满意的回答非常困难。大多数情况下,下属都会采取这样的方式回答:"似乎进入了汽车卖不出去的时代,这对于我们公司来说也很难办,而且竞争对手似乎也在采取各种应对措施。另外,顾客好像也有所变化……"

图 2-4-40

通过阅读商业杂志和报纸等,简单整理优秀企业的应对措施。

● 上司与下属的对话(一)

> 上司:这是关于汽车市场状况的调查,但是你们到底明白了些什么?
>
> 下属:啊?哦,嗯……
> 似乎进入了汽车卖不出去的时代,这对于我们公司来说也很难办,而且竞争对手似乎也在采取各种应对措施。另外,顾客好像也有所变化……
>
> 上司:???(到底想说什么?)

资料来源:ForeSight & Company

但是,这些回答并不能让上司接受,因为他们不明白"概括起来,想说什么"。猝不及防地被上司提问后,基本上没有哪个下属能够迅速准确地在脑海中汇总并给出回答,大部分下属都会将想到的内容不得要领地说出来。因此,听者的脑子非常混乱,从而无法理解对方想要表达的意思。

反之，想让听者轻易理解自己所表达的内容，只须准确汇总要点即可。

例如，按照上司和下属的对话思考，有如下内容。同上文，上司以同样的问题问道："这是关于汽车市场状况的调查，但是你们到底明白了些什么？"对于这个问题，下属首先回答"大概搞清楚了三点"，其次说出"市场整体发展停滞，顾客的价值观也与以前大不相同""竞争日趋激烈，企业被划分为胜方和败方""我公司的业绩也有所下滑，可以说需要新的应对措施"。第一点为市场整体状况，第二点为竞争环境，第三点为自己公司的问题点。如果这样汇总，上司的

图2-4-41

汇总要点后，更加容易理解。

◯**上司与下属的对话（二）**

上司：这是关于汽车市场状况的调查，但是你们到底明白了些什么？

下属：大概搞清楚了三点：
1.市场整体发展停滞，顾客的价值观也与以前大不相同。
2.竞争日趋激烈，企业被划分为胜方和败方。
3.我公司的业绩也有所下滑，可以说需要新的应对措施。

上司：原来如此，我明白了。你们都给我好好干！

资料来源：ForeSight & Company

回答就会是："原来如此,我明白了。你们都给我好好干!"

虽然这些内容有些夸张,但是我想表达的正是如此。我们必须一面问"为什么",一面接触多种多样的细节信息,但是由于信息源源不断地涌入,我们就会逐渐忘记之前听到的内容。因此,收集到众多的信息之后,必须用一个有意义的主题对其进行总括,尽量用心将重大的发现汇总为三点。根据收集到的信息发现了什么,汇总为三点之后能够说出什么,必须具有这种意识,并不断努力。总而言之,要以这三点发现为基础,思考"概括起来是什么"。

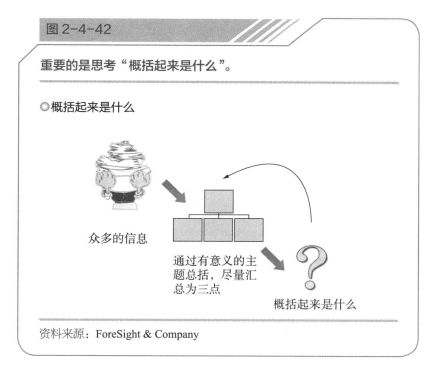

图 2-4-42

重要的是思考"概括起来是什么"。

○概括起来是什么

众多的信息

通过有意义的主题总括,尽量汇总为三点

概括起来是什么

资料来源:ForeSight & Company

以汽车销售界的案例进行说明，将信息分为"市场""竞争对手"和"本公司"三类，按照市场的情况、竞争环境的情况、自己公司的情况这些项目分别整理。这是最容易操作和理解的方法。

这并非什么困难的事，只要经过训练，任何人都能做到。例如，公司召开了一个30分钟的会议，会议结束之后，思考会议上做了什么决定，自己学到了什么，尝试列举出三个要点。或者看完电影之后，思考电影中发生了什么事情，尝试说明三个重大事件。像这样，自己有意识地做一些事情，就会形成习惯，进而就能够将众多的信息概括为三个重要的项目。

那么，按照这个观点向上司汇报时，应当如何传达呢？只要将"概括起来是什么"汇总为三点进行汇报即可，如"结论如下，其理由有三点"。如此一来，即使是领会能力较差的上司，应该也能表示理解："原来如此！问题我已经明白了！"

纵观世界上各个企业的报告书、提案批准书等，可见拼命调查、分析的痕迹。文章中也写了很多内容，但是有非常多的文件，我们完全不明白其中想要表达的内容。相信大家也有同感。看了同事或下属提交的报告书，但是完全搞不懂想要表达的内容，这种事情应该也时有发生。解决此类问题的方法仍然是将报告书的要点汇总为三个项目。如果写了十个要点项目，相信只是看到这些，任何一个人都会感到厌烦。有耐心的人可能还会读一读，但是没有耐心的人可能会直接放弃。因此，凝缩为三个要点格外重要。

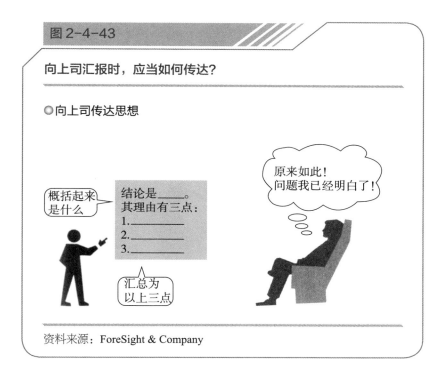

资料来源：ForeSight & Company

◆**站在接受者的立场思考**

另外一件非常重要的事情无须多言，就是要站在接受者的立场思考，使之浅显易懂。首先，需要确认"接受者是谁""是在什么场合向其展示"。例如，展示给公司的直属上司、在董事会上发表和给老顾客演示时，报告书的制作方法截然不同。恐怕还必须改变报告书的内容，也许最好也能改变措辞和外在形式。引导性信息是否符合接受者，形式是否易于查看，这些都是非常重要的视角。在扎实地把握向他人传达的时间、地点、对象、内容和方法的基础上制作报告书，请大家一定要有这种意识。

图 2-4-44

表达的信息是否符合接受者，形式是否易于查看，这都是非常重要的视角。

○接受者是谁

传达的
时间
地点
对象
内容
方法

资料来源：ForeSight & Company

关于如何传达，下面来论述其具体方法。报告书中要包括结论以及对其进行证明的图表，以此构思所述内容的流程。对所述内容的流程，首先要进行背景说明。如果贸然说出结论，会让听者大吃一惊，所以首先要简单地说明被委派做此项工作的原委等，也可以口头说明。接着是表达结论，也就是做出"对于汽车业界进行了种种调查，主要有以下几点"这种汇总。最后，介绍其原因，以支撑结论的三项内容收尾。如果是汽车销售界，则可以从"市场""竞争对手""本公司"三个方面说明所发现的信息。把结论和内容编写为文章，在文章的末尾添加对其进行证明的图表。这样按流程构思所述内容，听者的理解程度将会大幅度提升。

图 2-4-45

按流程构思所述内容，听者的理解程度将会大幅度提升。

○构思所述内容的流程

①　　　　　②　　　　　③

背景说明 ➡ 结论

简单地说明被委派做
此项工作的原委，最
初的出发点等。否则
如果贸然说出结论，
会让听者大吃一惊。

概括起来，想
要说明什么？

市场

竞争对手

本公司

支撑结论的
三个信息

资料来源：ForeSight & Company

图 2-4-46

**报告书中首先必须添加结论并汇总其原因。之后最好还要有对
其进行证明的图表。口头进行背景说明即可。**

○制作报告书

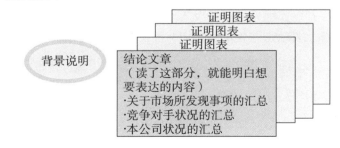

证明图表
证明图表
证明图表

背景说明

结论文章
（读了这部分，就能明白想
要表达的内容）
·关于市场所发现事项的汇总
·竞争对手状况的汇总
·本公司状况的汇总

资料来源：ForeSight & Company

下面一起复习一下前面叙述过的五个要点：

①养成将要点汇总为三个的习惯。

②时刻以结论为中心展开思考。时常自问"概括起来是什么"。

③根据不同的听者，改变报告的制作方法。

④站在接受者的立场，有意识地使其易于理解。

⑤报告书包括正文和图表，正文为结论和对其进行支撑的引导性信息，并概括了想要表达的思想，图表是证明正文的资料。

请大家务必将以上内容运用到实际工作中。

图 2-4-47

前文的要点： CHECK POINTS

○ 养成将要点汇总为三个的习惯。

○ 时刻以结论为中心展开思考。时常自问"概括起来是什么"。

○ 根据不同的听者，改变报告的制作方法。

○ 站在接受者的立场，有意识地使其易于理解。

○ 报告书包括正文和图表，正文为结论和对其进行支撑的引导性

　信息，并概括了想要表达的思想，图表是证明正文的资料。

第 6 课

高效信息收集法

问题解决者收集信息的探索

实际收集信息时，应该按照怎样的顺序开展呢？

从所想到的事情开始不假思索地盲目收集，显然不见成效。

虽说如此，但是如果只按照上司的指示原原本本地收集信息，也不可能发现本质问题。

那么，如何才能做到高效收集信息呢？

本部分将学习问题解决者收集信息的探索，即流程。

同时学习实际使用互联网等媒体收集信息时的开展方法。

◆探索因目的而异

这个小节的具体内容包括以下四点：

①了解将收集信息作为一种技巧学习的必要性。

②理解什么是有价值的信息。

③了解收集信息的探索。

④了解收集信息的诀窍。

图 2-5-1

内容：　　　　　　　　LEARNING POINTS

○了解将收集信息作为一种技巧学习的必要性。

○理解什么是有价值的信息。

○了解收集信息的探索。

○了解收集信息的诀窍。

　　其中，了解收集信息的探索是基础。为此，首先要理解流程。做任何事流程很重要，如果流程中断，可能会导致信息遗漏。其次，理解探索因目的而异。这一点已经强调多次，总而言之就是希望大家意识到首先要明确目的。再次，了解信息源，并有效利用。按照这个步骤理解探索，在此基础上了解目的和背景，就能明白整体，进而做出努力。

图 2-5-2

理解收集信息的探索：

- 理解流程。
- 探索因目的而异。
- 了解信息源，有效利用。

收集信息，有一定的顺序，这个顺序是一种逻辑（理论）。如果建立顺序进行思考，则易于理解。例如，按照流程写下收集信息的探索，就会有如下内容。

一是"了解目的和背景"。开始做一件事情时，无论什么情况，都必须充分理解目的和背景，否则将会朝着错误的方向前进。

二是"明确应该了解的事情"。也就是说，在理解目的和背景的基础上，具体思考应该了解哪些内容。

三是"明确信息源"。这里所说的信息，并非突然出现的信息，必定是由某人发布的信息。熟知信息发布者很重要。

四是"把握整体"。

五是"从细节视角收集信息"。首先把握整体，之后从细节视角收集。"把握整体"是指暂时止步，眺望整体。这一点格外重要，因为它承接"从大（整体）到小（细节）展开"这个原则，但并不是指一次性从大到小展开，而是在某个时间停住脚步，暂时深思熟虑。

收集信息并非如此简单的事。整理收集到的信息，甚至思考其含义，是一种高级技能，其中还有类似于智能游戏等非常高深的一面。

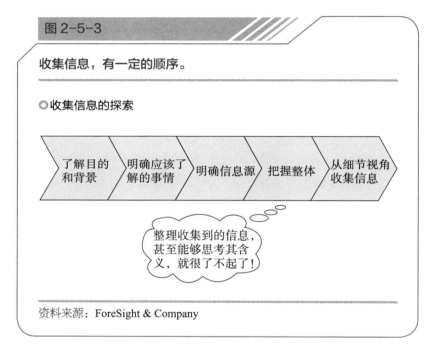

图 2-5-3

收集信息，有一定的顺序。

○ 收集信息的探索

了解目的和背景 → 明确应该了解的事情 → 明确信息源 → 把握整体 → 从细节视角收集信息

整理收集到的信息，甚至能够思考其含义，就很了不起了！

资料来源：ForeSight & Company

◆ 理解目的和背景

关于收集信息的探索，下面进一步详细说明。

首先，要想理解目的和背景，就需要搞清楚几个老生常谈的问题。例如，"调查的目的是什么？""只是简单地想要了解，还是为了说明什么，抑或是想要证明什么？"

那么，向谁汇报呢？是外部的老顾客、内部的高层，还是内部的团队。工作方法因汇报对象而异。

再如"输出物是何种形式呢"。也许有人会认为收集信息只要复印即可，这种想法并不正确，如果只是复印，那只是单纯地使用信息。也就是说，信息收集人并不是单纯地使用，而是需要输出提高其价值后的内容。其次，输出物的处理方法分为多种情况，有时只是处理原始数据，有时是将数据图表化，或概括图表的内容并对其内容进行解释等，这也是根据目的和背景而异。因此，输出物有各种各样的

图 2-5-4

要想理解目的和背景，需要搞清楚几个老生常谈的问题。

● 目的和背景

调查的目的是什么	——只是简单地想要了解 ——是为了说明什么而准备的材料 ——想要证明什么
向谁汇报	——外部的老顾客 ——内部的高层 ——内部的团队
输出物是何种形式	——只是数据 ——数据及其解释的内容 ——图表及其含义的内容 ——成套的内容
大约有多少时间	——交付期是什么时候 ——时间重要还是质量重要

资料来源：ForeSight & Company

处理方法。例如，是否只有数据即可，是否需要数据以及对其进行解释的内容，是否同时需要添加图表和根据图表得到的含义，是否需要制作成整套的内容。

或者"大约有多少时间？"不可能没有时间限制。交付期是什么时候呢？是一小时以内、一天内还是周末之前，必须进行提问。此外，还必须询问"是时间重要还是质量（内容）重要"，因为探索的方法因此而异。

收集信息时，必须如上所述进行提问，正确理解委托人（想要得到信息的人）寻求的是什么。

对于了解目的和背景的重要性进一步补充说明，有"期待的管理"这个要素。例如，假设你的上司给你分配了工作，说"我想要这样的信息"，此时你随便从一个人那里获得了数据，并将其复印之后交给上司，上司就会想"你只能把工作做到这种程度吗"。

而另一方面，如果你了解了调查的目的是什么、向谁汇报、输出物需要怎样的形式、大约有多少时间等问题，就能明白委托人的期待等级。明白期待等级之后，如果能够提交其期待等级之上的信息，那么就能得到委托人（此时指上司）的好评："这不是做得挺好的嘛。"

"被指示的事情"和"被说明目的的事情"两者有很大的区别。如果收到上司的指示"你去干这件事情"，那么只能按照要求去做。而且一旦指示错误（根据经验来看，这种情况非常多），是最坏的情况，自己和上司都要被问责。但是，如果事先请上司说明目的——

"因为这个原因，我想收集这样的信息"，我们就能努力使收集的信息与其目的保持一致，进而提高能够提供较大价值信息的概率。一些优秀的人经常会烦恼"为什么自己不被上司认可"，大部分人可能都是因为不能理解上司的意图，或者可以说没有做好"期待的管理"。因此，收集信息的工作集中到一点，就是希望大家充分理解"期待的管理"。

图 2-5-5

"被指示的事情"和"被说明目的的事情"两者有很大的区别，因此，明确目的非常重要。

◎ 了解目的和背景的重要性

被指示 ➡ 只能按照要求去做。一旦指示错误（这种情况非常多），是最坏的情况。

被说明目的 ➡ 可以努力。能够提供较大价值的信息。

资料来源：ForeSight & Company

◆ 掌握信息源的知识

接下来是了解信息源，如果熟悉了信息源，那么收集信息的效率和质量都会有所提升。所以，应该掌握最基础的知识。反言之，如果没有这些信息，在收集信息时既费力劳神，质量也会变差。

例如，有一些书刊登了信息源，包括《商业调查资料总览》（日本效率协会综合研究所市场资料库，简称 MDB）、《整体商业信息源》（日本经济新闻社）、《统计调查总览》（日本总务省统计局）等，可以通过关键词搜索从中找到想要了解的信息和数据。此外，即使没有直接刊登，也能够确定想要的信息出现在哪个资料库中。所以，只要以其为线索，实地查阅资料或浏览互联网即可。这些资料使用起来非常方便，所以建议大家在手边放上其中一本。

图 2-5-6

事先了解信息源很重要。最好能够确定想要的信息出现在哪个资料库中，并从资料编制人那里得到更深层次的信息。

◉ 了解信息源

| ①获取刊登了信息的资料清单 | 《商业调查资料总览》（日本效率协会综合研究所市场资料库，简称MDB）《整体商业信息源》（日本经济新闻社）《统计调查总览》（日本总务省统计局） |

②确定想要的信息出现在哪个资料库中

③实地查阅资料 ➡

④联系资料编制人，向其请教更加详细的信息

⑤进一步联系可能相关的业界团体等

无法确定资料时，建议询问他人

资料来源：ForeSight & Company

之后是了解"能人"和"庸人"的差别。能人会联系资料编制人，因为如果只是看书，只能了解其中写到的内容，而询问编制者本人，则能了解更加详细的内容。无法确定资料时，要联系可能相关的业界团体等，查明信息源。即使是通过电话等方式，也会有不少团体向你告知信息，所以大家大可消除顾虑，尽情询问。

相信大家当中有很多人不习惯给陌生人打电话询问某些事情，但是这样就不能成为问题解决者。问题解决者在收集信息时必须很专业。

通常，信息包括一次信息和二次信息。二次信息是指将各种统计类别集中成一份资料后的信息。因为二次信息分类较庞杂，所以有些信息可能是两三年前的旧数据，但其中的规则是必然会标注数据的出处，由此就能够探寻根本数据（一次信息）。

这类书包括《日本统计年鉴》（日本总务省统计局）、《经济统计年鉴》（东洋经济新报社）、《地域经济总览》（东洋经济新报社）、《各行业贷款审查事典》（金融财政事情研究会）等，事先准备其中一两本也无坏处。

此外，如果事先了解了信息所在（有信息的场所，代表性的场所是图书馆），就会突然感觉方便了许多。除此之外，还有很多地方，例如前面提到过的《商业调查资料总览》（日本效率协会综合研究所市场资料库）中汇集了市场、企业、消费者的所有信息，但是只有会员才能使用。

图 2-5-7

二次信息在手，即能找到重点的数据和信息源。

○ **二次信息**

二次信息是指将各种统计类别集中成一份资料后的信息。其不仅分类较大，也有些信息是两三年前的旧数据，但是从中能够明白数据的出处，所以能够探寻根本数据。

《日本统计年鉴》（日本总务省统计局）
《面向投资家的行业分析》（日兴研究中心）
《各行业贷款审查事典》（金融财政事情研究会）
《地域经济总览》（东洋经济新报社）等

资料来源：ForeSight & Company

还有"政府刊行物服务中心"，这里汇集了政府发布的所有统计数据资料。大家当中去过"政府刊行物服务中心"的可能屈指可数，但是如果带着收集信息的目的去，就会觉得非常有趣。

其次是书店。但不是指城镇里的小书店，而是汇集各类体裁书的大书店。最近，所谓的商业书中逐渐出现了一些内容独特的书，阅读这些书可以启发我们怎样分析，也能作为材料使用，同时还能够从中学到知识。

还有图书馆。像过期杂志这样的刊物，去图书馆即可阅览。特别是日本国立国会图书馆，几乎汇集了所有的资料和信息，即使是各个地方的主要公立图书馆中，也存有大部分的国家统计资料。

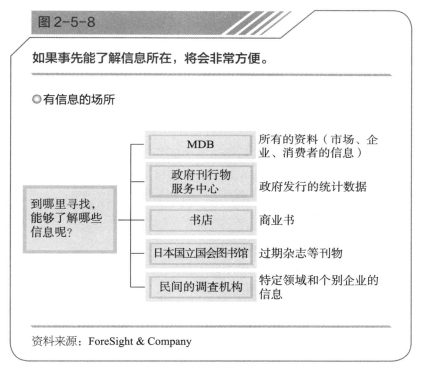

图 2-5-8

如果事先能了解信息所在，将会非常方便。

◎ 有信息的场所

到哪里寻找，能够了解哪些信息呢？

MDB	所有的资料（市场、企业、消费者的信息）
政府刊行物服务中心	政府发行的统计数据
书店	商业书
日本国立国会图书馆	过期杂志等刊物
民间的调查机构	特定领域和个别企业的信息

资料来源：ForeSight & Company

　　此外，民间的调查机构中存有特定领域和个别企业的信息。已经具体确定了要调查的内容，但是其信息未公布时，可以利用这种途径。例如，要想了解交易方的最新信用状态、企业的破产状况或未上市企业的销售额及利润等时，"东京商工研究机构"和"日本 TDB 数据库"等就是常见的信息源。如果市场本身过小，没有数据时，"富士经济""富士凯美莱总研""矢野经济研究所"等就汇集了这类特定市场的信息。利用这类民间调查机构的数据并非多么困难，只是由于其未向社会公开数据，所以费用略高。但是，要想获取优质信息，投资也必不可少。因此，请大家根据需要，灵活使用。

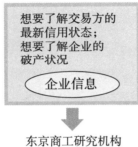

图 2-5-9

已经具体确定了要调查的内容，而且其信息未公布时，利用民间的调查机构也不失为一个好办法。

◎ 有信息的场所

| 想要了解交易方的最新信用状态；想要了解企业的破产状况 **企业信息** | 市场本身过小，没有数据。虽然可以自己积累数据，想方设法完成，但是没有时间 **难以获取的信息** |

东京商工研究机构
日本TDB数据库

富士经济
富士凯美莱总研
矢野经济研究所

资料来源：ForeSight & Company

从互联网上获取数据也非常有效。相信大家已经在做了，如果有人还未行动，应当立即开始。互联网搜索一经开始，就会入迷，更确切地说，它会使人感受到搜索探寻的喜悦。

利用互联网获取数据的方法是使用搜索网站，通过关键词搜索。具有代表性的好用的搜索网站为"谷歌"和"雅虎"。如果进一步利用搜索网站的分类，活用链接网址，活用能够下载的网站，收集信息的范围将会进一步扩大。例如，日本总务省统计局的主页甚至能够下载最新的数据，非常方便。将可能会用到的网站放入"收藏"中，以便随时都能够开始搜索。

从互联网上下载数据后，如果直接将其粘贴到"演示文稿""SOLO"①"电子表格"等资料制作软件中进行图表化，理解将会更进一步。下面就来具体说明其做法。

从日本总务省统计局统计中心的主页中取 GDP（国内生产总值）的数据进行说明。此处的统计数据页面中，按照"领域类别概览"和

图 2-5-10

同时活用互联网

◉互联网搜索

从网上也能获取很多信息

1. 在搜索网站上搜索关键词（雅虎、谷歌等）
2. 利用搜索网站的分类
3. 活用链接网址
4. 活用能够下载的网站（总务省统计局等）
5. 将可能会用到的网站加入"收藏"中

资料来源：ForeSight & Company

---

① SOLO 是专业配置的演示资料制作软件，它是集结了原麦肯锡的顾问在咨询现场掌握的图表制作知识开发出来的。

"五十音概览"进行分类，可以下载人口普查、人口推算、劳动力调查、家庭经济调查、消费物价指数等日本总务省统计局实施的主要统计调查、加工统计的数据，以及《日本统计年鉴》《日本的统计》《世界的统计》等各类综合统计书的数据。下载 GDP 增长情况的数据时，从"领域类别概览"开始，进入"日本的统计"。"日本的统计"由日本的国土、人口、经济、社会、文化等 26 个领域、500 个统计表和60 个统计图构成。我们来看一下其中的第 3 章"国民经济计算"不难发现，其中"国内总支出"的数据为输入"电子表格"后的形式。下载此表格数据，将其粘贴到"SOLO"中，制作成图表。初学者可

图 2-5-11

下载数据后，直接将其图表化，理解会更进一步。

● 在互联网上下载数据

仅有数据还不能理解，所以将其图表化比较好

资料来源：ForeSight & Company

能或多或少需要逐渐习惯，但是只要实际行动起来，应该能够立即上手。经过图表化操作，信息、数据会变得格外清晰易懂。因此，请大家务必掌握。

下面对前文的要点进行汇总。

①收集信息时，首先了解目的和背景很重要。这样就能明白整体，从而做出努力。

②如果熟悉信息源，不仅会提高生产率，也会提高质量。因为我们一天只有二十四小时，所以必须尽量提高效率。

③从互联网上下载数据也很有效。

请大家牢牢记住这三条要点。

图 2-5-12

前文的要点：   CHECK POINTS

○ 收集信息时，首先了解目的和背景很重要——这样就能明白整体，从而做出努力。

○ 如果熟悉信息源，不仅会提高生产率，也会提高质量。

○ 从互联网上下载数据也很有效。

资料来源：ForeSight & Company

如何高效地收集信息

我们说的收集信息并不仅仅是按照流程漫不经心地收集。特别是以解决问题为目标的我们，谋求的是使收集到的信息具有附加价值，并向上司和老顾客汇报。为此，我们需要高效地收集信息。

那么，为了推进高效地收集信息，必须开展哪些工作，注意哪些事情呢?

本部分将学习高效地收集信息，即推进收集信息的流程和努力的方法。

收集信息的诀窍为：首先明确目的，其次思考工作的流程。具体诀窍为：

①思考高效工作的流程；

②区分使用定量信息和定性信息；

③尝试提高公开信息的价值。

图 2-5-13

收集信息的诀窍：

○ 思考高效工作的流程。

○ 区分使用定量信息和定性信息。

○ 尝试提高公开信息的价值。

公开信息无人不知，并不值得一提，但是因为其数量庞大，直接丢弃实在可惜。有时，根据使用方法不同，其也能转化为非常优质的内容，因此这里也想涉及这类信息。

收集信息时有两件事情非常重要，一是明确为什么要收集信息，即明确目的，二是高效推进工作，对此前文已经有所叙述。时间通常有限，因为截止期限总是固定的，所以必须在期限内收集信息，进行分析，找出含义。

因此，首先应该通过明确目的提高收集信息的自由度。如果要将工作委托给外部人员或公司内的其他部门，需要尽早决定工作流程。

收集信息的方法分为自己收集和委托他人收集。提交期限和交付期前的时间不充足时，为了赶时间，也需要将此工作委托给他人。但是，委托给他人并不是指所有的事情都由对方来做，而是为了以防万一，事先做好两手准备，这才是应当采取的思考法。自己要做的部分自己脚踏实地地开展，如此一来既能做好工作，又能增进自己的学习。如前文所述，其方法有三个："查看信息源""根据二次信息探寻信息源""访问能够在线获取的信息"。

图 2-5-14

首先应该要通过明确目的提高收集信息的自由度。如果将工作委托给外部人员或公司内的其他部门，要尽早决定工作流程。

○ 收集信息的方法

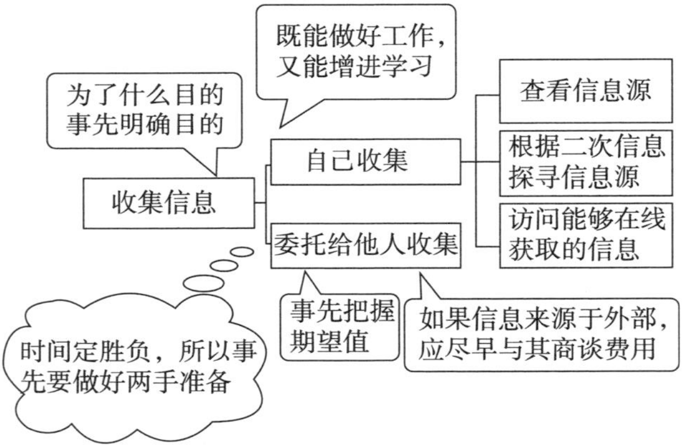

为了什么目的事先明确目的

收集信息

既能做好工作，又能增进学习

自己收集

委托给他人收集

查看信息源

根据二次信息探寻信息源

访问能够在线获取的信息

事先把握期望值

如果信息来源于外部，应尽早与其商谈费用

时间定胜负，所以事先要做好两手准备

资料来源：ForeSight & Company

此外，委托给他人收集时，必须事先把握你的期望是什么。换句话说，不能认为此人一定能够带来完备的信息。你应该注意，自己是主体，委托给他人只是作为补充或加强收集力度。

◆ 搜索也有切入点

接下来针对搜索的切入点展开说明。例如，即使输入了关键词，也没有出现信息，此时想创造出价值的人会拼命思考"如果这个关键词不行，就试试不同的关键词吧"。另一方面，没有提高价值意识的人，一旦输入一个关键词后没有出现信息，就会说"对不起，没有相关信息"。对于两者的区别，大家应该心知肚明。收集信息时，需要的正是"我一定会调查出来"这种决心。

具体的方法就是转换切入点。例如，收集有关"圆筒状鱼糕"这一人气商品的信息。通常，对于这种事情，无人会多想，他们会直接在搜索网站上输入"圆筒状鱼糕人气商品"，然而想要的统计数据等信息出现的数量却非常少。但是，如果在此阶段放弃，只能是以失败告终。因此，转换搜索的切入点十分重要。

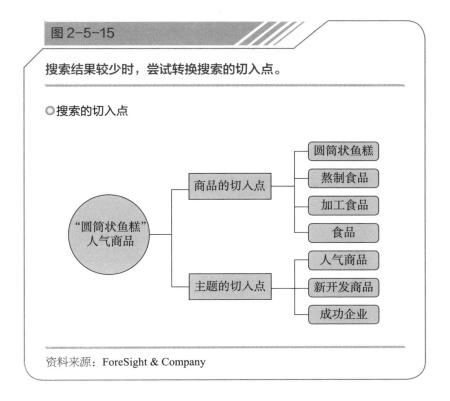

图2-5-15

搜索结果较少时，尝试转换搜索的切入点。

○搜索的切入点

资料来源：ForeSight & Company

换个角度来说，此时搜索的切入点包括商品（圆筒状鱼糕）和主题（人气商品）两种。于是，首先商品的切入点为"圆筒状鱼糕"，如果以失败告终，就以其所属概念"熬制食品"进行搜索。如果用"熬制食品"搜索失败，则进一步以其所属概念"加工食品"进行搜索。如果再次失败，则应该逐渐向"食品"层级扩大。同理，主题的切入点为"人气商品"，如果搜索失败，则扩展为用"新开发商品"和"成功企业"进行搜索。如此推进，不断转换切入点进行调查，确定所寻求的信息位于哪里，就肯定能够找到有价值的信息。

◆从日常做起，提高对于信息的敏感度

另外一件非常重要的事是从日常做起，提高对于信息的敏感度。也就是说要竖起接收信息的天线，扩大接收信息的能力。具体的方法包括翻阅各类杂志、时常光临政府刊行物服务中心、踏入书店、阅读电车中悬挂的广告、浏览网站主页、与不同行业的人交谈等，重要的是留心各类事物。即使踏入书店，也不是阅读漫画书，而是浏览商业书等可能发挥作用的书的目录。浏览目录后，如果其中有能作为现在工作的参考的，就将书买下来。

好书有助于提高理解度，但是其选择方法也有诀窍。抓住诀窍，就能够高效地找到好书。

例如，查看标题和作者。最近，很多书的标题标新立异，而有些作者经常会出好书，核对这些人的书，如果有想读的愿望，就买下来。

图 2-5-16

需要从日常做起，提高对于信息的敏感度。

◎ 收集信息的天线

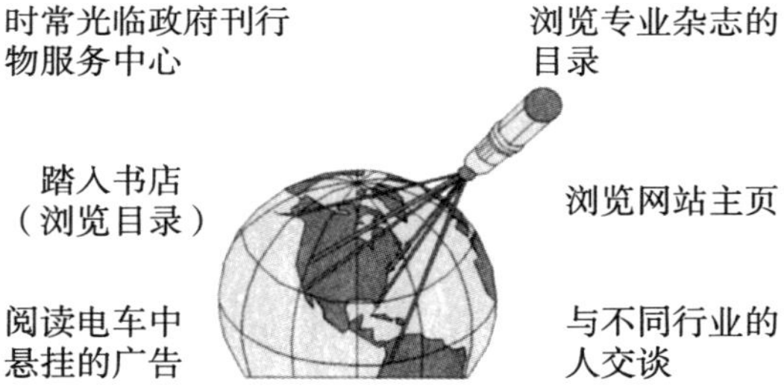

时常光临政府刊行 物服务中心	浏览专业杂志的 目录
踏入书店 （浏览目录）	浏览网站主页
阅读电车中 悬挂的广告	与不同行业的 人交谈

资料来源：ForeSight & Company

图 2-5-17

好的书有助于提高理解度。抓住选择书的诀窍，高效选择。

◎ 选择书的方法

——查看标题和作者，思考是否想读
——阅读书籍封面上标注的摘要
——粗略浏览目录
——核对发行日是否较新
——随便翻阅其中几页，核对信息量的多少、
　　数据的多少、是否为想要的内容、书写
　　方式是否易于理解（图片的多少）等

资料来源：ForeSight & Company

或者是浏览目录。因为查看目录就能大致明白书的内容和质量。

发行日也很重要。如果不是新的信息，基本上没有意义，因此，在多数情况下，不要使用发行较早的书。

随便翻阅其中几页，同时核对信息量和数据的多少、是否为自己想要的内容。比起单纯地用大篇幅文字叙述，融入了坐标图、表格、插画等努力使读者容易理解的书，总体来说更加适用。

◆有效活用定量信息

此外，信息分为定量信息和定性信息。定量信息主要指数据，它可以增强说服力。定性信息主要指人的话语、杂志的报道、文献

图 2-5-18

汇总定性信息后，可以帮助我们理解整体。分类使用信息很重要。

○信息的种类

定性信息　　＜　　定量信息

人的话语
杂志报道
文献等

数据

提高整体的
理解度

增加说服力

资料来源：ForeSight & Company

等，它可以提高整体的理解度。因此，充分收集这类数据的定量信息非常重要，脚踏实地地收集并整理定性信息同样重要。如果毫无理由地读书，甚至都没有汇总其内容的想法，那么将读书说成浪费时间也不为过。

　　没有什么内容能够越过事实而存在。以解决问题为目标的人必须尽可能以客观事实为依据展开研讨。换句话说，就是必须脱离主观看法和理想世界。"按业界常识来说……""根据之前的经验……""直觉上……""应该会这样""希望是这样"这种表达方式缺乏证据，不具备说服力。另一方面，客观事实、具体数据就是证据，具有绝对的说服力。请大家将事实的重要性铭记于心。

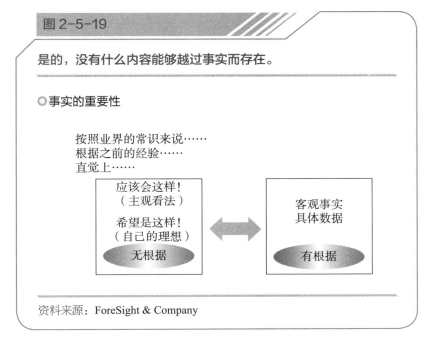

图 2-5-19

是的，没有什么内容能够越过事实而存在。

○ 事实的重要性

按照业界的常识来说……
根据之前的经验……
直觉上……

应该会这样！
（主观看法）

希望是这样！
（自己的理想）

无根据

客观事实
具体数据

有根据

资料来源：ForeSight & Company

基本上，即使是价值很低的公开信息，只要认真阅读、灵活使用，也会有发挥作用的时候。例如，最近报纸上刊登的分析逐渐趋于高质量。特别是如果记载了贯穿 30 ～ 40 年的变化，即为宝贵的信息。未来的预测、竞争力（市场占有率）的对比和增长、成本对比数据、按照框架整理后的内容、经过解释分析的报道等也非常有价值。然而，即使煞费苦心地刊登了这类报道，也有一些人对其视而不见，即使在互联网上搜索报道，也不一定经常会顺利地找到这类信息。希望大家对此多加留意。

图 2-5-20

如果认真阅读，即使是公开信息，也时常会找到有价值的信息。

● 事实的重要性

  ——长期（30 ～ 40年）的变化

  ——未来的预测

  ——竞争力（市场占有率）的对比和增长

  ——成本对比数据

  ——按照框架整理后的内容

  ——经过解释分析的报道

资料来源：ForeSight & Company

因此，发现重要的报道，建议从报纸上剪下来。提到剪报簿，

你难免会有过时的感觉，但是按照经营课题分类剪报，偶尔遇到紧急情况，就能发挥作用。当然，将这些信息进行汇总并使其图表化，自然更好。

例如，对于"优衣库为什么便宜"这个问题，如果对方只是简单地说一句"优衣库真便宜啊"，那么只能以"嗯，是啊"的应答告终。但是，如果用数据对比哪一部分的成本比普通服装厂的低或有经过解释分析的报道，就会有说服力。如上述情况，即使是公开信息，也会常常出现有价值的内容。所以，重要的是确保自己能够获取这类信息。

此外，通过进一步对公开信息进行组合，有时也会有新的发现。例如，将政府发布的统计数据信息和杂志、报纸的报道进行组合并思考后，就会有别具风格的发现。对于公司指南和手册、有价证券报告书、业界发布的统计等所有的公开信息，需要努力进行横向或纵向组合，提高其价值。也就是说，一般性的公开信息并不是完全不能使用，根据你努力的程度，也会有可用之处。反之，只要不努力对这类信息进行加工，其多数不能转变为可用的信息。

在收集信息的诀窍中，最后一个重要的诀窍就是确定对比基准。例如，对比企业时，将优秀的公司与海外的最佳实践及业界其他的优秀公司对比；小公司与业界平均规模及同等规模的优秀公司对比；销售公司与同行业的优秀公司及销售业绩突出的公司对比。你需要参照上述情况确定基准。以什么为基准进行对比，必须自己切实决定，并收集其信息。

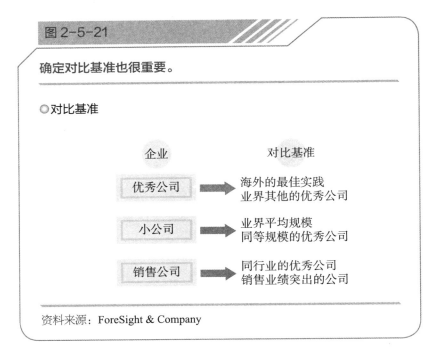

图 2-5-21

确定对比基准也很重要。

○对比基准

企业	对比基准
优秀公司	海外的最佳实践 业界其他的优秀公司
小公司	业界平均规模 同等规模的优秀公司
销售公司	同行业的优秀公司 销售业绩突出的公司

资料来源：ForeSight & Company

下面汇总一下前文的三大要点：

①开始工作之前，明确目的，思考流程。探索的方法多种多样，所以需要在提高自由度之后进行收集。

②通过数据展现事实，增加说服力。如果能巧妙地汇总定性信息，其价值将会进一步提高。

③公开信息中有时也包含重要的信息，因此，只要在其使用方法上下功夫，也能够提高其价值。例如，应该养成以下习惯——在阅读报纸时，一旦发现前文所述的重要信息，就将其剪下来。

图 2-5-22

前文的要点：

CHECK POINTS

◎ 开始工作之前，先明确目的，并思考流程。在提高自由度之后进行收集。

◎ 如果通过数据展现事实，就会有说服力。如果能巧妙地汇总定性信息，其价值将会提高。

◎ 公开的信息中有时也包含重要的信息，通过在其使用方法上下功夫，就能够提高其价值。

只要留意以上三点，一定能够高效地推进信息收集。请大家务必尝试。

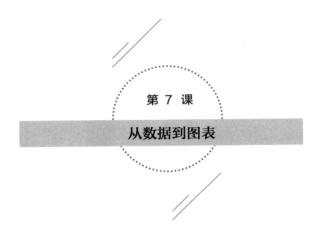

第 7 课

从数据到图表

图表化，让信息更具象

向对方说明自己的想法和观念并获得理解，不只限于商业领域，日常生活的各种场合中也需要如此。此时，为了正确地传达自己的想法并说服对方，需要如何表达呢?

即使说着"大家都这么说""那是业界常识"等，也难以使对方理解。

此时，如果以数据为基础进行说明，就会较为有效。但是，如果只是单纯地罗列数据，不仅不能明白对方是否能够充分理解，而且在对方理解之前，也需要花费大量时间说服他。

于是，为了解决这些问题，图表就变得非常有效。在本节中，我们将学习制作图表的目的，以及为了提高自己和对方的理解程度而活用图表的好处。

◆了解目的后，更容易绘制图表

使数据图表化，并不只是单纯地使它看起来很漂亮，还要让它帮助我们思考。

包括这个观点在内，希望大家充分学习数据的图表化。如此一来，肯定能够交出好的输出物。

接下来，我来说明本小节的内容。

①制作图表的目的。必须首先理解目的，否则无法进行。

②绘制图表的基本方法。即使按照自己的风格绘制，也总是做不出好的图表。首先，基础很重要。

③绘制更有说服力的图表所遵守的基本规则。是否了解规则，有很大的差别。

图 2-6-1

内容： LEARNING POINTS

○制作图表的目的。

○绘制图表的基本方法。

○绘制更有说服力的图表所遵守的基本规则。

　　首先希望大家理解的是，通过遵守基本的规则，从一开始就能绘制出较高水平的图表。

　　制作图表的目的，大致可分为以下三个。

　　第一，为了理解数据所表示的内容。绘制图表并不仅仅是单纯地绘制坐标图和插画等，还要理解其中正在发生的事情。我们的目的不是将图表画得非常漂亮，而是便于理解并解决问题。因此，绘制图表是为了准确理解数据的意义。

　　第二，为了抓住分析的契机，绘制好一幅图表之后，接下来需要了解哪些事情。使数据图表化之后，要深入分析"为什么会出现这种情况""接下来应该调查哪些事情"等问题，让其启发我们。

　　第三，为了制作既美观又具有说服力的资料。此处，不仅是想要再一次进行确认，以更易于理解的形式展示图表所需的技巧，还要确认对于图表来说很重要的内容。

图 2-6-2

制作图表的目的：

○便于理解数据所表示的内容。

○之后应该使用怎样的数据进行分析，它为我们提供了什么启发。

○展现既美观又具有说服力的资料。

◆**使用数据，提高说服力**

　　下面我们讲解制作图表的第一个目的。只要制作了图表，就能提高理解度。如前文所述，如果通过数据捕捉正在发生的事情，说服力就会提高。但是，图表化是将数据进一步图示化，在视觉上进行加工，所以无论对于读者还是制作者，都会更加容易理解。也就是说，只要制作了图表，就能够很直观、迅速地理解发生了什么事情。

　　生活中，我们都会与他人对话，不管是在商业场所，还是在家人、朋友、熟人、陌生人之间。此时，在普通的对话中，我们也会无意识地表达自己的想法和感受。例如，有人会说："今天真冷。"对此，却没有人会插入详细的客观事实："今天气温 –1℃，从早上开始还下雪了，所以才会这么冷。"

　　此处，希望大家理解的是，在商业领域，大多数情况下，如果不使用数据，就会被认为是自己的主观看法，从而缺乏说服力。反言之，如果使用数据进行交谈和研讨，说服力就会提高。因此，在制作图表之前，要使用数据与人交谈。如果不使用数据，就会变为"大家都是这么说的""这是业界常识，理所当然""根据之前的经验，大概如此"等诸如此类的说法。这在商业领域中完全不具有说服力。如果追问"大家"指的是谁，答案只能是某一个人。因此，在商业领域中，关于"真实情况到底是什么"这个问题，需要更加缜密且正确的信息。数据则显得如此之重要。

图 2-6-3

在商业领域，如果不使用数据，往往就会被认为是自己的主观看法，从而缺乏说服力。

○ 未使用数据的案例

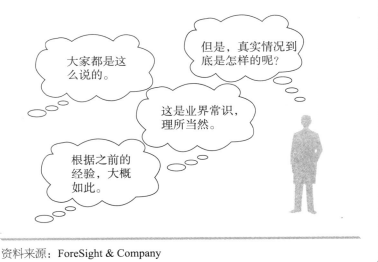

资料来源：ForeSight & Company

通过对数据进行定量评价，真实情况就会更加显而易见。例如，"最近，我公司的主力商品——彩色电视机的销售额持续下滑。"然而，这种说法实在过于漫不经心，虽然说是持续下滑，但是下滑了多少不得而知。如果转变为插入数据的说法，如"一直占据我们公司销售额 70% 的彩色电视机，其今年的销售额只达到了去年的 85%——64 亿日元"，这样就能够给人更加具体的印象。据此，就能明白"彩色电视机为占据销售额 70% 的主力商品""其销售额足足下滑了

15%""降至 64 亿日元"等信息，因此就具有了说服力。总而言之，就是能够让人正确理解发生的事情。

图 2-6-4

通过数据进行定量评价，真实情况更加显而易见。

○使用了数据的案例

最近，我们公司的主力商品——彩色电视机的销售额持续下滑

一直占据我们公司销售额70%的彩色电视机，其今年的销售额只达到了去年的85%——64亿日元

虽然是持续下滑，但究竟是如何下滑的呢?

具有说服力!

资料来源：ForeSight & Company

图 2-6-5 就是数据一览表。如果是这种图表，一般情况下，相信大多数人会将它直接贴在资料上。当然，如果大家在这家电视机生产厂实际负责彩色电视机销售，那么，对于这类数据，即使记得不准确，也会掌握大概的情况——比如，约占总销售额的 70%、只卖出去了去年的 85% 等。

图 2-6-5

如果掌握了一定数量的数据，就能够用数据进行回答。

○电视机生产厂 A 公司的销售额（1995 ~ 2000 年）

示例

年份	彩色电视机	其他	销售额合计
1995	80	21	101
1996	80	25	105
1997	79	23	102
1998	74	24	98
1999	75	22	97
2000	64	27	91

销售额的70%

去年的85%

（亿日元）

资料来源：ForeSight & Company

重要的是要理解重要数据，即使只理解大致情况，比如"有70% 左右""大概 80%"这类粗略的数据。

如果掌握了一定数量的数据，就能够用数据进行回答，从而使所表达的内容具有说服力。换句话说，如果插入具体的事例等，就能让听者感叹"这个人知道得真多啊"。这是交流的一个诀窍。

这里想要传达给大家的是，虽然说要使用数据，但是仅仅单纯地罗列数据，仍然难以从中理解究竟发生了什么事情。

图 2-6-6 表示了 1990 年到 2000 年间日本国内彩色电视机出厂台数的增长。直接观察数据，能否把握状况呢？当然能。这个表格能够说明：从 1990 年的 905 万台开始减少，1993 年降至 814 万台，1995 年又开始增加，1997 年达到 1018 万台，1998 年再次减少，2000 年降至 987 万台。但是，听到这些说明，估计很少有人能够在短时间内正确理解这些内容。

图 2-6-6

但是，如果只是罗列数据，仍然难以让人理解究竟发生了什么事情。

◎日本国内彩色电视机的出厂台数（1990～2000 年）

年份	彩色电视机	年份	彩色电视机
1990	905	1996	1011
1991	901	1997	1018
1992	830	1998	966
1993	814	1999	960
1994	835	2000	987
1995	958		（万台）

注：液晶电视机除外

资料来源：家电产业资料库、民生用电子机器数据集

◆如果图表化，绝对更容易理解

下面，我们将上述内容图表化。如果制作为图 2-6-7 所示的柱形图，则出厂台数的变化就会一目了然。因为它表现出"近几年，彩色电视机的出厂台数基本上没有增加"。此处不是罗列文字和数据，而是以图表展示取而代之，这样绝对更易于理解。

请大家思考一下自己在公司汇报业绩时的情景。正是此时，才

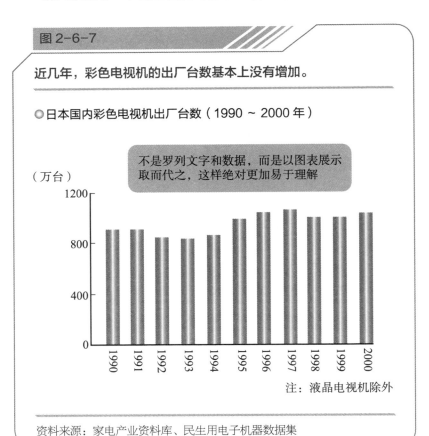

图 2-6-7

近几年，彩色电视机的出厂台数基本上没有增加。

○日本国内彩色电视机出厂台数（1990 ~ 2000 年）

不是罗列文字和数据，而是以图表展示取而代之，这样绝对更加易于理解

注：液晶电视机除外

资料来源：家电产业资料库、民生用电子机器数据集

会出现从销售额到销售成本、边际利润、经常利润等各类数据。如果只是查看这些数据，大概因为其过于细致，眼睛都会疼吧。但是，如果将其图表化，一眼就能够看明白发生了什么事情，自己和对方都更加容易理解。

那么，对于刚刚提到的电视机生产厂，将其彩色电视机销售额的增长图表化，会是怎样的状态呢？如图 2-6-8 所示。根据图表能够立即明白，1995 年的销售额是 80 亿日元，此后有所下降，2000 年下滑至 60 亿日元对应的台数。比起查看数据，观察图表能让人更加容易理解所发生的事情。

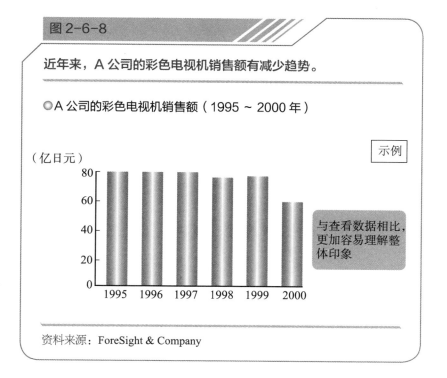

图 2-6-8

近年来，A 公司的彩色电视机销售额有减少趋势。

○A 公司的彩色电视机销售额（1995～2000 年）

（亿日元）

示例

与查看数据相比，更加容易理解整体印象

资料来源：ForeSight & Company

　　思考事物的方法多种多样。用文字写下来进行思考很重要，或罗列数据进行观察以及心算数据进行理解也必不可少。当然，也有趋向于采用这种思考和表达形式的场合。但是，最近不仅仅是小孩子，就连成年人也向着视觉化发展。大家都很擅长通过表格和插图来理解事物。因此，重点是首先要将做出来的东西落实到图表中。

　　例如，如果一页中有 10 个左右的数据，可能还有想看的心情，但是如果布满了 80 个甚至 100 个数据，结果会怎样呢？大概仅仅看到这些数据就已经心烦了吧。此时，只需要注意将哪些内容图表化之后能够更容易理解即可。

　　刚刚提到使电视机生产厂的彩色电视机销售量增长图表化时，也会出现不同的做法，如图 2-6-9 所示。观察销售量构成可知，1995 年彩色电视机销售量所占比例为 79%，2000 年变为 70%。总体销售量从 101 万台降至 91 万台，且彩色电视机所占比例持续减少，彩色电视机的增长率（年平均增长率）为 -4.4%，而其他商品为 5.2%，因此立即就能明白主力商品市场占有率未扩张。

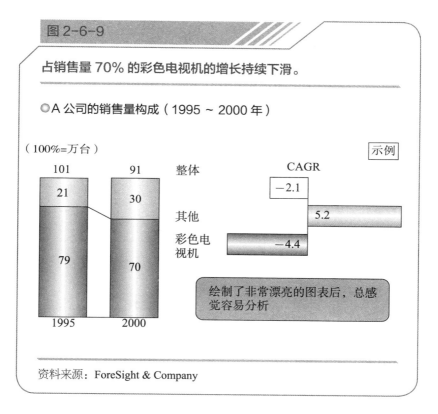

图 2-6-9

占销售量 70% 的彩色电视机的增长持续下滑。

⊙A 公司的销售量构成（1995 ～ 2000 年）

（100%=万台）

示例

101   91   整体   CAGR

21   30

−2.1

其他   5.2

彩色电视机   −4.4

79   70

绘制了非常漂亮的图表后，总感觉容易分析

1995   2000

资料来源：ForeSight & Company

正如前文所看到的，人的理解度分为几个等级。与口头语言相比，展示为文本或数据一览表，即对整理整齐的文章和数据进行表格组合，这种形式更能提高理解度。而进一步将数据图表化，来简洁地说明对其的整体印象，能够再次将理解度提高一个层次。与罗列文字相比，使用数据对图表进行简洁的说明，能更进一步推进理解。

下面整理一下前文的三个要点。

①如果通过数据捕捉正在发生的事情，说服力就能提高。

②如果只是单纯地罗列数据，很难让人读取到想要表达的意思。

③如果将数据图表化，理解度会有很大程度的提高。无论自己还是对方，都能够更加容易地理解。

总之，制作图表能够帮助我们提高理解度，是一个非常好的方法。

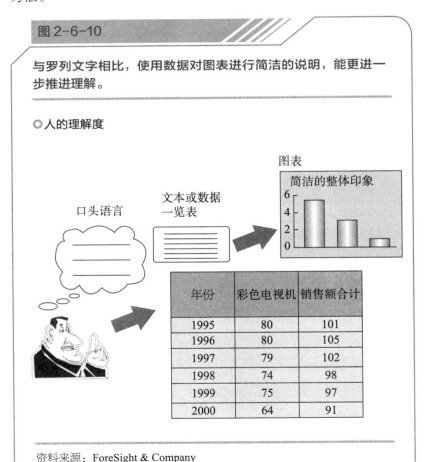

图 2-6-10

与罗列文字相比，使用数据对图表进行简洁的说明，能更进一步推进理解。

○人的理解度

资料来源：ForeSight & Company

图 2-6-11

前文的要点：

CHECK POINTS

○ 如果通过数据捕捉正在发生的事情，说服力就能提高。

○ 如果只是单纯地罗列数据，很难让人读取想要表达的意思。

○ 如果将数据图表化，理解度会有很大程度的提高。无论自己还是
  对方，都能够更加容易地理解。

图表化，让问题聚焦

目前我们已经明白，在说服对方时，数据比文字、图表比数据
的理解度更高。为了在商业世界中生存，这一点对于问题解决者来说
格外重要。

但是，制作图表并不仅仅是为了提高自己和对方的理解度。特
别是作为问题解决者，重要的是通过制作图表，理解发生了什么事
情，以此展开分析，推动你发现本质问题。

在本节中，我们将学习，在为了发现本质问题而展开的分析中，
制作图表的重要视角。

◆分析的方向清晰明确

在本课第一节中，我们学习了通过将数据图表化可以提高理解
度。另外一件重要的事情是通过绘制图表，能够明确分析的方向。如

果图表能够说话就最好了，但是很显然图表本身不能说话。实际上图表展示了很多内容，换句话说，如果绘制了图表，就能够明白下一步应该了解哪些内容。它是帮助我们进行更加细致分析的助手，能够让我们有新的发现。

没有人是第一次绘制图表，也没有人从来没有绘制过图表，大家在小时候应该都使用圆规和尺子绘制过图表。但是，不能漫不经心地绘制图表。更重要的是，在绘制图表时，要思考"为什么是这种情况"，这样图表就能与我们对话。总而言之，图表是为了便于思考而绘制的。

下面我将对绘制图表时的重要视角进行说明。

第一个重要视角仍然是从大（整体）到小（细节）。第一，并不是一开始就对细节进行绘制，而是首先要绘制能够弄明白整体情况的图表，之后逐渐向细节展开。

第二，对于为什么会发生这类情况，思考其可能性。不是简单地绘制图表，而是画完一幅图之后，思考"为什么"，这样才能引导我们发现问题。

第三，详细深挖认为有疑问的地方和发生变化的地方。要先了解整体情况，思考原因，之后再探究细节，这一点非常重要。如果按照思考程序绘制图表，则更加容易理解。

例如，针对市场情况展开思考时，因为最初是想要了解市场的整体情况，所以首先应该获取市场规模变化的数据。假设其结果是市场有所扩张，之后并不是就此结束，而是必须提出疑问："为什么扩张了?"换句话说,拥有对知识的好奇心非常重要。其次,因为可能存在扩张和减少两部分,所以要进一步按照不同部分分别进行观察,如果能够这样思考,就再好不过了。这才是绘制图表和"使用图表思考"的意义。

图 2-6-12

绘制图表时的视角仍然是从大到小。

○ **绘制图表时的视角**

　1. 绘制有助于弄明白整体情况的图表。

　2. 思考可能性原因。

　3. 详细深挖。

资料来源:ForeSight & Company

再比如,就本公司情况展开思考时,首先要了解市场占有率的增长情况。通过销售额和销售量观察各个公司有多大的市场占有率,是如何变化而来的。假设其结果是自己公司的市场占有率有所下降,那么必须调查市场占有率下降的原因。市场占有率代表了竞争力。那么,观察哪些信息能够帮我们搞清楚其竞争力呢?答案是评价价值链。如果是厂家,则其价值链包括产品开发、配套、生产、市场、销售和售后服务等,必须查看其中失去了竞争力的环节。

此外,针对竞争公司展开思考时,通过观察销售额和利润率的增长，可以明白各个公司应对措施的结果。你需要查看销售额是扩张还是减少、利润率是上升还是下降，而且为什么销售额和利润率会呈现这种变化。

其方法包括制作 ROA（Return on asset，资产收益率）树状图等。ROA 是判断企业资本效率的代表性指标之一，是净利润除以总资产所得的比率。对于销售额，大多数人会查看赚到了多少钱，这固然很重要，但是首先需要了解迄今为止所投资的金钱产生了多少利润。ROA 树状图正是对其进行要素分解得到的结果。在制作 ROA 树状图的同时，要详细核对公司内部的情况。

换句话说，即使在思考事物时，也要按照"了解整体→探寻原因→观察细节"这个流程，通过绘制图表表现所有的内容。这是最容易理解的形式。

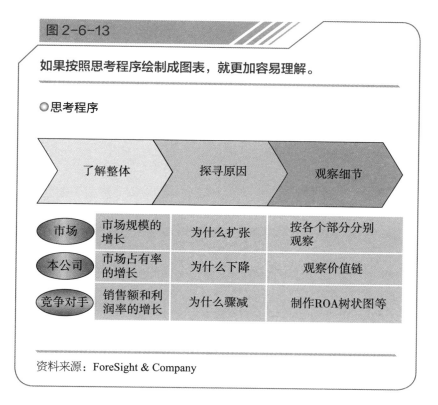

图 2-6-13

如果按照思考程序绘制成图表，就更加容易理解。

○思考程序

	了解整体	探寻原因	观察细节
市场	市场规模的增长	为什么扩张	按各个部分分别观察
本公司	市场占有率的增长	为什么下降	观察价值链
竞争对手	销售额和利润率的增长	为什么骤减	制作ROA树状图等

资料来源：ForeSight & Company

那么，彩色电视机的出厂台数未扩张时，可以想到哪些原因呢？只是单纯因为消费低迷，还是商品的问题呢？

的确，在消费低迷时，大家可能都想着"尽量不花钱"。但是，如果真的是优质商品，大家大概也会买吧。因此，是不是彩色电视机跟不上用户要求，或者可能是厂家不够努力经营？如果存在这些疑问，那么分别对其展开调查即可。

此外，要想绘制图表，就需要数据。例如，为了证明消费低迷，首先需要调查在家庭经济中购买家电产品的支出情况，正如收集信息时学到的那样。要想证明是商品本身的问题，还是厂家自身经营的问题，只需调查彩色电视机中有无畅销商品和滞销商品即可。如果没有畅销商品，则可能是商品的问题。如果有畅销商品，可能不仅仅是商品的问题，还存在厂商不够努力经营的问题。

总而言之，通过图表加深思考时，必须不断地提出"为什么"这个问题：为什么此处会呈现这种减少的状态呢？为什么只有此处有所增加呢？要持续提出问题并充分探究，直至理解。这是重要之处。

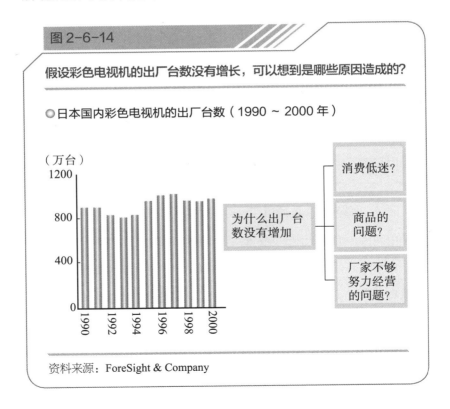

图 2-6-14

假设彩色电视机的出厂台数没有增长，可以想到是哪些原因造成的？

◎日本国内彩色电视机的出厂台数（1990 ~ 2000 年）

（万台）

为什么出厂台数没有增加

消费低迷？

商品的问题？

厂家不够努力经营的问题？

资料来源：ForeSight & Company

◆ **深挖有诀窍**

深挖时，有几个诀窍。

第一，绘制长期（10 年以上）图表，观察变化。但是，现实中也可能是 5 年左右，或者只有 3 年。绘制 3 年图表，不能看明白事情的情况，5 年同样不能看明白。如果你认为 10 年仍然太短，想要充分挖掘，则需要从 15 ～ 20 年前开始观察变化。之后，如果发现某处剧增或骤减，则关注此处，提出"为什么"。要对不明白的地方进行询问和分析。

第二，如果没有变化，就要对其数据进行细分，调查其变化。因为即使整体上没有变化，其内在有时也会发生变化。在各个公司的

图 2-6-15

通过图表加深思考的诀窍是持续提出"为什么"。

○ **深挖的诀窍**

1. 绘制长期（10 年以上）图表，观察有没有变化。
2. 如果没有变化，便对其数据进行细分，调查变化。
3. 找到转折点，调查此时实施了什么。
4. 分解要素，进而落实到图表上。
5. 与可能相关的变量进行组合，观察相关性。

资料来源：ForeSight & Company

事业中，即便整体上没有扩张，但是特定的商品有时应该也会有所扩张，或者在特定的地域有所扩张。只是观察整体而不能明白时，就需要再一次按照各个部分对其进行分类调查。

第三，找到转折点，调查此时发生了什么，实施了什么。接下来分解要素，进而落实到图表上，与可能相关的变量进行组合，观察相关性。据此，进一步靠近事物的核心。

◆用于演示的图表

当然，绘制图表也是为了演示，即说服他人。如果大家无法将自己的想法准确地表达出来，那么也就无法使听的人理解。此时，大概也会有人认为都是因为对方理解能力不强，从而归咎于对方。但是，事实并非如此，对方之所以不理解，多数情况是因为大家的表达能力有问题。如果绘制了既简洁又容易观察的图表，那么对于观看者来说，就既容易思考，又容易记忆。绘制这类图表，可以达到清晰表达的目的，使每个人都容易发出"嗯嗯""原来如此""正是如此"的感叹。制作图表的意义正在于此。

尽管如此，目前企业中作为汇报资料制作的图表和社会上常见的图表，它们中的多数既不美观又不易观察。如果只是单纯地将数据粘贴到电子表格中又不行，这就需要绘制简洁、容易观察且有意义的图表。此外，绘制图表还有五个好处：

①能够让人集中关注点。因为图表简洁且容易理解。

②能够在短时间内传达较多的信息。实际上，图表包含的信息量非常多，能够让人瞬间理解。阅读文章需要花费较多时间，然而只

需浏览一眼图表就能明白其内容。

③相比于仅仅通过语言进行说明，图表能够提高信息留存于记忆的程度。一般情况下，对于他人口头表述的事情，我们大概不会记住多少。但是，眼睛所见、视觉所触，更容易留在记忆里。图表就是有这种好处。因此，重要的是绘制简洁、具有说服力和充满感染力的图表。

④能够让人整理自己的大脑。通过绘制图表，能够加强自身的记忆，整理起来信息也更加容易。

⑤能够作为图表库让人灵活使用。图表库是我根据数据库创造的词语。不仅仅是数据，如果事先将所制作的图表都积累到服务器等工具中，将会非常耐用。图表是重要的知识资产，图表库的积累和利

图 2-6-16

图表有五个好处：

○**图表的优点**

1. 能够让人集中关注点。
2. 能够在短时间内传达较多的信息。
3. 相比于仅仅通过文字进行说明，图表能够提高信息留存于记忆的程度。
4. 能够让人整理自己的大脑。
5. 能够作为图表库让人灵活使用。

资料来源：ForeSight & Company

用可以强化企业竞争力。如果将图表积累到数据库，继而建立图表库，会有很多好处。例如，仅仅是更新一下数据，就不但能立即使用图表、明白信息源、强化特定领域的知识，也能够用于宣讲和出版等。图表库有很多用途。

即使只有这五点，绘制图表的好处也极大，大家对此已有所了解吧。

接下来我们对通过演示获取对方信任的诀窍展开思考。据说，要想让他人信任，最有效的做法就是付诸视觉。这是《演讲：成功的秘诀》（鲍勃·博伊兰著）一书中写到的内容。但是，实际情况是，

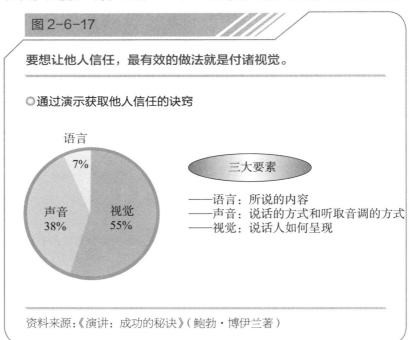

图 2-6-17

要想让他人信任，最有效的做法就是付诸视觉。

○**通过演示获取他人信任的诀窍**

语言
7%

声音
38%

视觉
55%

三大要素

——语言：所说的内容
——声音：说话的方式和听取音调的方式
——视觉：说话人如何呈现

资料来源：《演讲：成功的秘诀》（鲍勃·博伊兰著）

视觉（说话人如何呈现）占 55%、声音（说话方式和听取音调的方式）占 38%、语言（所说内容）占 7%。

视觉正是眼睛能看到的东西，因此图表本身必须美观。如果使用统一的格式，就能美观地呈现。满是杂乱的图表、不使用放大镜就看不明白的图表，展示给观看人之后，会导致其头脑混乱：这是什么东西？

然而，如果图表的绘制方法能够保持一致性（一贯性），如同等大小、相同格式等，看起来就会很美观，给人的印象也会很深刻。

图 2-6-18

图表是重要的知识资产，图表库的积累和利用可以强化企业的竞争力。

○图表库的利用

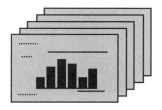

——仅仅是更新一下数据，就能立即使用图表
——明白信息源
——能够强化特定领域的知识
——能够用于宣讲和出版

资料来源：ForeSight & Company

下面整理一下前文的三个要点。

①制作图表时，也需要首先把握整体，之后进入细节。

②尽量以长期（10年以上）的视角进行观察，如果有转折点，探寻其原因。要反复提出"为什么"，逐渐向细节展开。

③图表的好处是容易给观看者留下深刻印象，对自己来说，也更加容易整理。重点是要有绘制美观图表的意识。

请大家将以上要点熟记于心，踊跃制作有效的图表。

图 2-6-19

CHECK POINTS

前文的要点：

○ 制作图表时，也需要首先把握整体，之后进入细节。

○ 尽量以长期（10年以上）的视角进行观察，如果有转折点，要探寻其原因。

○ 图表的好处是容易给观看者留下深刻印象，对自己来说，也更加容易整理。

制作图表的基本规则

对于制作图表的目的，不知道大家是否已经充分理解其要点了呢？

大家作为问题解决者，在实际制作图表时，并不仅仅是绘制坐标图和能表达思想的图片，还要向对方说明问题点，说服对方制订解决问题的对策，所以你需要以此为目的"完成"图表。

制作出成品图表，除了需要图表，还需要各类要素，有应该分别遵守的规则。本节将学习制作图表的基本规则。

◆**学习基础知识，绘制完成后的图表**

一眼就能让人看懂的图表是强化说服力、使对方接受的武器。但是，只是单纯的坐标图和能表达思想的图表，还无法期待其有很明显的效果。要想绘制图表，并以容易理解的方式向对方说明问题点和解决对策，首先还是要遵守基本的规则，只有恰到好处地加入要素后，才能称得上是"完成"了具有说服力的图表。其次，为了制作成品，多次绘制并养成习惯非常重要。下面我们就来学习制作图表的规则和要点。

制作图表的基本规则有三点：第一，赏心悦目。第二，能够让人立即理解。第三，成品。只要满足以上三点要求，即可称为出色的图表。

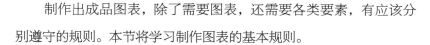

图 2-6-20

制作图表的基本规则：

○赏心悦目。

○容易理解。

○成品。

如果习惯了绘制图表，那么缺少这三点中的任何一点，都会感觉很奇怪。此外，当观看图表的人做出"嗯？总感觉很奇怪"的反应时，说明此图表只能算得上是"半成品"。非常遗憾，有时这可能还会导致无法获得此人信任的结果。从这个层面来看，要时刻以"制作出成品图表"为目标，这一点非常重要。

那么，我们具体来看一下出色图表的格式。首先，布局简洁易懂、美观大方很重要。要点是确定一个模板之后，统一使用这

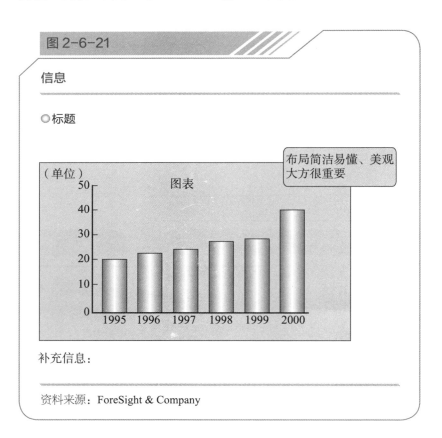

个模板。

其次，希望大家记住制作"电子表格"和"演示文稿"的注意事项，制作图表时多数情况下会用到。在"电子表格"中，图表容易或大或小，形形色色。此外，"演示文稿"也有整体布局的问题，如果内在页面写得不好，看起来会乱七八糟，没有实质的内容。总之，基础工作就是做到绘制出简洁、易懂和美观的图表。

图 2-6-22 表示从 1967 年开始日本的实际 GDP 增长率。从中可以读取到的信息是，1990 年经济泡沫破灭后，日本的实际 GDP 增长率呈现逐年下降的趋势（其间消费税率提高前的需求猛增导致的上升除外）。换句话说，为了让他人更好地理解这个引导性信息，绘制这个图表即可。

反之，过分的贪婪是失败的源泉。呈现引导性信息的一方持有各类信息和经验，倾向于将其全部补充、添加到图表中。但是，观看图表的人只能从图表中读取信息的含义，因此，如果引导性信息过多，反而会导致对方误解和迷惑。

绘制图表时，需要抑制想要插入各类信息的欲望，做到一图表、一引导性信息，即"从此图表中能够读取的信息只有这一条"。这一点希望大家务必注意。当然，无须多言，如果引导性信息与图表不一致，自然没有意义。

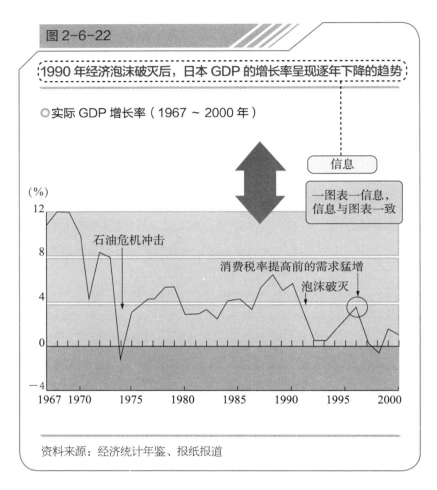

图 2-6-22

1990 年经济泡沫破灭后，日本 GDP 的增长率呈现逐年下降的趋势

○实际 GDP 增长率（1967 ~ 2000 年）

信息

一图表一信息，
信息与图表一致

石油危机冲击

消费税率提高前的需求猛增

泡沫破灭

资料来源：经济统计年鉴、报纸报道

此外，建议图表的标题简短明确。例如，图 2-6-23 表示各年级的小学生使用电脑的情况。此时，标题"小学生使用电脑的状况"位于坐标图上方，标题上方写着"小学生的年级每升高一级，使用电脑的比例就会增加，约有 90% 的高年级学生使用过电脑"这个引导性信息。有时我们会看到冗长的标题，但是标题越长，越让人

难以理解。

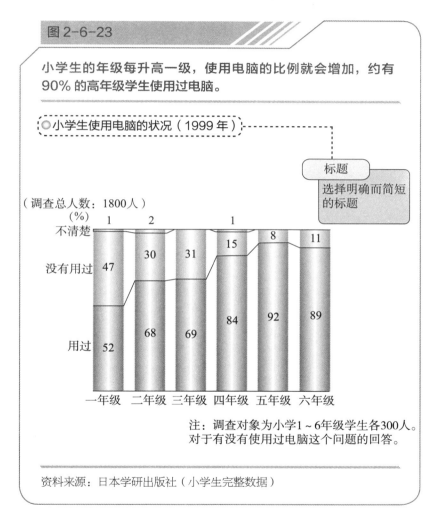

图 2-6-23

小学生的年级每升高一级，使用电脑的比例就会增加，约有 90% 的高年级学生使用过电脑。

◎ 小学生使用电脑的状况（1999 年）

标题

选择明确而简短的标题

（调查总人数：1800人）

注：调查对象为小学1～6年级学生各300人。对于有没有使用过电脑这个问题的回答。

资料来源：日本学研出版社（小学生完整数据）

再加上这个图表中具有说服力的坐标图整齐地放于正中间，而且下面还标注了注意事项和出处。这是图表的基本构成。标题简洁，所写引导性信息直击要点，越是这类图表，越容易被理解。

另外，在图表中使用坐标图等时，将时间和单位放于容易看到的位置，这也是一个要点。图 2-6-24 中，标题"日经平均股价的增长"之后，明确标记了"1970 ~ 1999 年"和"日元"这样的时间和单位，让人一目了然。

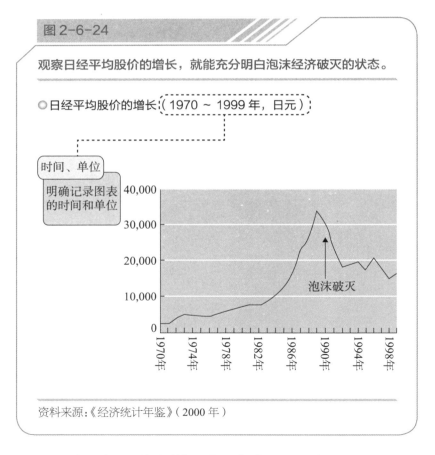

图 2-6-24

观察日经平均股价的增长，就能充分明白泡沫经济破灭的状态。

● 日经平均股价的增长（1970 ~ 1999 年，日元）

时间、单位

明确记录图表的时间和单位

泡沫破灭

资料来源：《经济统计年鉴》（2000 年）

因为表示的是股价的增长，所以查看标尺的数据大概就能明白，纵轴为股价（日元），横轴为年份。如果在刚开始进入视线的标题附近标注坐标图的时间和单位，会让人感觉更加贴心。没有时间和单位的图表不值一提，同时也希望大家留意明确标注的位置。

此外，在标注单位时，例如金额，有日元、千日元、万日元、百万日元、亿日元，需要多加注意，避免搞错。

◆**锁定项目，使其美观**

锁定放入图表中的项目，也是制作美观、易懂图表的要点。在图 2-6-25 中，我们将项目锁定为便利店、量贩店、一般零售店、其他店铺这四类，采取了结构紧凑的形式。如果只是单纯地拖拽粘贴电子表格数据上的文字，则只有其项目的数量会出现在图表中。如此一来，不仅顺序混乱，读者难以理解，图表也不太美观。

基于以上观点，应该将项目的数量大致控制在五个以内。如果有很多项目，要将重要度和优先等级低的项目汇总放入"其他"一类中，并进行整理，这样就能够做到紧凑化，图表本身也会非常容易被观看。

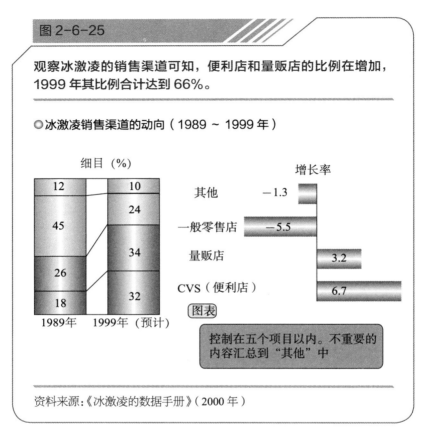

图2-6-25

观察冰激凌的销售渠道可知，便利店和量贩店的比例在增加，1999年其比例合计达到66%。

○冰激凌销售渠道的动向（1989～1999年）

细目（%）

增长率

	1989年	1999年（预计）
	12	10
		24
	45	34
	26	
	18	32

其他 －1.3
一般零售店 －5.5
量贩店 3.2
CVS（便利店）6.7

图表

控制在五个项目以内。不重要的内容汇总到"其他"中

资料来源：《冰激凌的数据手册》（2000年）

在排列项目时，应聚焦于想要强调的项目，这一点很重要。图2-6-26列举了酒店破产原因的动向，从中获取的信息是，在破产原因中，"销售不佳、业界萧条"所占比例随年份的增长持续上升，这是最想要强调的部分。因此，即使是坐标图，也要加深这个部分的颜色，使其醒目。

此外，最基本的做法是，将想要作为重点的项目放于最下端，按照

重要度的大小由下向上排列，这也有助于提高易观察度和易懂度。制作图表后，首先要自己观察，检查是否容易理解，希望大家不要忘记。

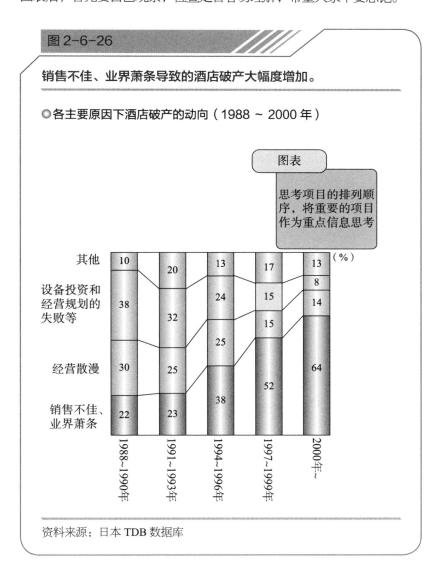

图 2-6-26

销售不佳、业界萧条导致的酒店破产大幅度增加。

○各主要原因下酒店破产的动向（1988 ~ 2000 年）

图表

思考项目的排列顺序，将重要的项目作为重点信息思考

资料来源：日本 TDB 数据库

在用于绘制图表的数据中，在需要展示某个时间段的变化时，必须注意使时间间隔保持固定。图2-6-27按各个部门展示了日本全国酒店的销售额构成，时间从左向右，依次为1975年、1980年、1985年、1990年、1995年、1997年。除了近期的1997年与前一年份间隔2年，其他旧数据都以5年为间隔，保持固定。

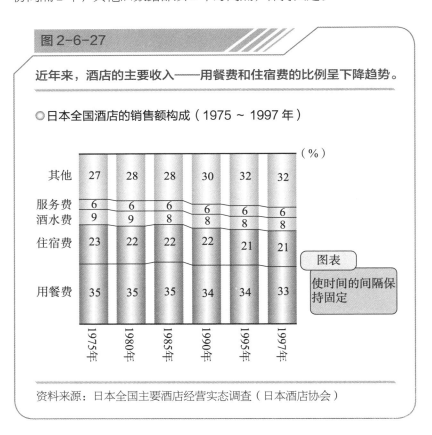

图2-6-27

近年来，酒店的主要收入——用餐费和住宿费的比例呈下降趋势。

○ 日本全国酒店的销售额构成（1975 ～ 1997年）

	1975年	1980年	1985年	1990年	1995年	1997年
其他	27	28	28	30	32	32
服务费	6	6	6	6	6	6
酒水费	9	9	8	8	8	8
住宿费	23	22	22	22	21	21
用餐费	35	35	35	34	34	33

（%）

图表

使时间的间隔保持固定

资料来源：日本全国主要酒店经营实态调查（日本酒店协会）

为了证明其中未介入个人行为意志，保持间隔固定很重要。如果按照自己的方便程度使用数据，则会出现例如最初间隔2年，其次间隔 4 年，之后间隔 1 年这类情况，从而导致混乱。这类间隔不固定的图表也会失去可靠性。对这一点，应当多留意。

在这张图中，"用餐费"和"住宿费"两个较大的柱状图呈逐渐递减的趋势。为了以容易理解的方式传达这个信息，应该思考排列顺序，加深颜色，将其作为重点内容。"其他"的比例也很大，这是经过筛选过滤，将重要度小的项目放入其中造成的。项目数量按照基本规则，控制在五个以内，较为美观。

◆学习绘制有相关关系的图表

下面我们针对有相关关系的图表展开说明。图 2-6-28 表示实际 GDP 和新车销售台数的关系。以此为例，可见横轴为实际 GDP 的增长率，表示原因；纵轴为新车销售台数的增长率，表示结果。在绘制此坐标图时，重要的是验证因果关系。为此，也需要选择各类表示因果关系的变量，进行尝试。

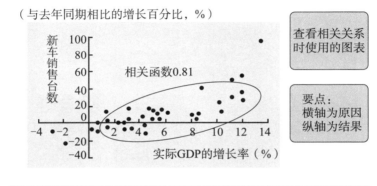

图 2-6-28

汽车的销售台数与 GDP 有关。

○ 实际 GDP 与新车销售台数的关系（1960 ~ 2000 年）

（与去年同期相比的增长百分比，%）

查看相关关系时使用的图表

要点：
横轴为原因
纵轴为结果

资料来源：日本汽车工业协会、经济企划厅

制作图表时，希望大家同时留意注意事项、出处和参考资料等补充信息。图 2-6-29 是关于"你羡慕蝾螺太太那样的大家庭吗"的调查。观看图表的一侧，可以看出其想要了解的一个信息是调查的时间、地点、对象、规模和方法。同时，如果这些信息都位于引导性信息的位置，那么引导性信息就会极其冗长，想要传达的焦点也会很模糊。将其作为补充信息，加入到注意事项中，不仅可以满足读者的需求，同时也可以使图表更加容易观看。为了使引导性信息简洁，建议将条件等详细信息加入到补充事项中。

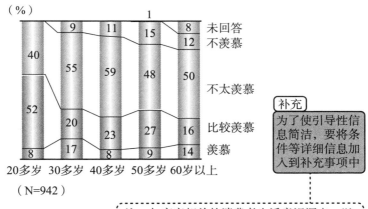

图 2-6-29

即使是年轻人，也憧憬人多、有年代跨度的家庭团圆。

● 羡慕蝾螺太太那样的大家庭（2001 年）

（%）

	20多岁	30多岁	40多岁	50多岁	60岁以上	
未回答		9	11	1	8	未回答
不羡慕	40			15	12	不羡慕
不太羡慕		55	59	48	50	不太羡慕
比较羡慕	52	20	23	27	16	比较羡慕
羡慕	8	17	8	9	14	羡慕

（N=942）

补充

为了使引导性信息简洁，要将条件等详细信息加入到补充事项中

注：与家庭相关的消费者生活意识调查，以东京和大阪的2000位已婚男女为对象，时间为2000年11月7日～29日，通过邮递方式实施调查。

资料来源:《日本经济报》（2000 年 1 月 4 日）

在明确记录出处和参考资料时，也是如此。图 2-6-30 中显示"女大学生喜欢的点心"中，零食排名第一。虽然调查概要也很重要，但是如果有数据的出处，可靠性就会提升。如果出处是报纸和杂志报道等，要连带日期一起记录，以便于后期追溯。如果是使用基础数据进行分析、加工得到的结果，也建议记录其内容。

只有以上要素齐全之后，图表才称得上是成品。总之，要养成

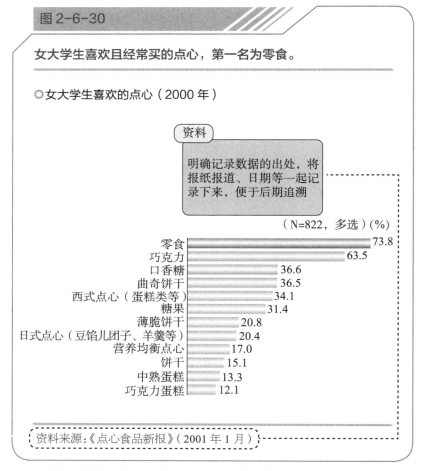

一种习惯，即图表绘制结束后，要再次进行修改，确认其完成情况。

最后，汇总一下制作图表时的九个要点：

①简单易懂、美观大方。

②一个图表一个引导性信息。

③引导性信息和图表保持一致。

④项目控制在五个以内，重要度低的项目放入"其他"中。

⑤排列时，思考项目的顺序，将重要的项目作为重点信息。

⑥使所用数据的时间保持固定的间隔。

⑦明确数据的年代和单位。

⑧作为补充信息，整齐地加入注意事项和出处。

⑨最后，确认是不是成品。

图 2-6-31

前文的要点： CHECK POINTS

◎简单易懂、美观大方。

◎一个图表一个引导性信息。

◎引导性信息和图表保持一致。

◎项目控制在五个以内，不重要的项目放入"其他"中。

◎顺序很重要，将重要的项目作为重点信息。

◎使时间保持固定的间隔。

◎明确年代和单位。

◎在资料栏中整齐地写明出处。

◎确认是不是成品。

遵循了以上九个要点的图表，对于读者来说，既亲切又容易理解，也会在商业活动中成为我们最强的帮手。希望大家务必实际绘制图表并养成习惯。

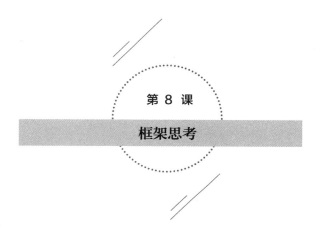

第 8 课

框架思考

如何设计框架思考

想要发现问题，最为困难的是什么？

"不明白收集哪些信息较好""不明白如何加工信息较好""分析的方法和图表的解释"等，我认为这些都很困难。尽管如此，通过之前的学习，大家应该勉强能够做到收集和分析信息，甚至根据图表捕捉引导性信息。

但是，为了解决本质问题，还剩下最后一个步骤——"整理分析结果，汇总'概括起来是什么'"。可以说，这一步在发现本质问题的过程中，最为重要，实施起来也最为困难。

在这一节，我们将从基本知识开始学习"框架"。在整理、理解、汇总众多的信息时，它是非常有效的工具。

◆**框架是整理的工具**

要想解决问题，发现本质问题是绝对条件。作为其中的一个步骤，我们学习了如何广泛收集、分析信息，并绘制图表。但是，要想找出本质问题所在，仅有这些还不够。因为如果不进一步整理已经清楚的事实，便不能看到问题的核心。

整理、汇总这些信息和分析结果时，框架就会有用武之地。下面我们来学习框架的有效性、建立框架的要点以及高明的信息整理方法。

图 2-7-1

内容：　　　　　　　　　LEARNING POINTS

○框架是解决问题时需要整理众多信息的工具。

○框架有助于客观地理解信息。

○通过改变框架的中枢，能够帮助我们从不同的视角理解信息。

想要发现问题，却经常会出现常识性错误。此时，回顾一下思考过程中最为困难的是什么，相信大家会发现各种烦恼，比如不明白收集怎样的信息较好；收集到的信息无法直接使用，想要进行加工、分析，却总是做不好；解释图表非常困难等。但是，如果不理解整体情况，就无法逼近问题的本质。换句话说，必须把理解整体情况放在首位。

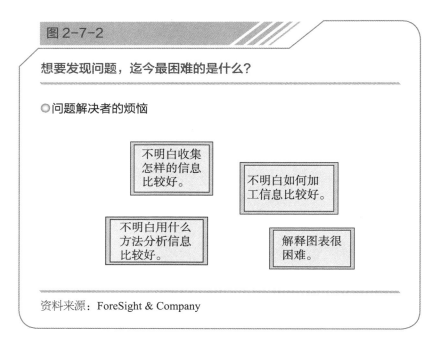

此外，只有经过了理解整体情况这个步骤，才有可能发现本质问题。如果事先复习解决问题的流程，应该能够整理出以下内容：首先是发现本质问题，其次是思考解决方法，最后是编制并发表资料，说服他人并让其实施。

然而，收集、分析信息本身并不是很困难的事情。所谓分析，不过是把信息分解得又细又碎，直至能够理解。最为困难的依旧是整理、统合和汇总，如果这部分工作进展不顺利，就无法搞清楚问题是什么。此时，能够助我们一臂之力的正是"框架"。

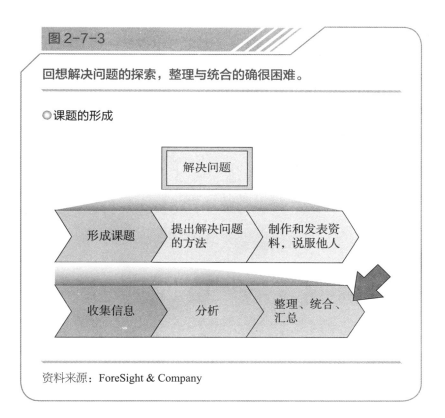

图 2-7-3

回想解决问题的探索，整理与统合的确很困难。

○ 课题的形成

解决问题

形成课题 → 提出解决问题的方法 → 制作和发表资料，说服他人

收集信息 → 分析 → 整理、统合、汇总

资料来源：ForeSight & Company

◆ 广泛收集信息

首先，为了发现问题，广泛收集信息必不可少。使用互联网固然很轻松，但是，仅仅如此还远远不够，必须调查各类信息，这也不是罕见的现象。此项工作看起来像是脑力劳动，实际上是需要耐性的体力劳动。其次，好不容易费力劳神收集起来的信息，回头却发现过多、过杂，反而引起混乱，这种例子并不少见，需要特别注意。

图 2-7-4

解决问题需要很多信息，然而经常会有信息过多且混合的情况。

○ 众多的信息

资料来源：ForeSight & Company

　　更为糟糕的是，如果面对这种状态，应当如何来做呢？希望大家再一次回顾"理解整个事件的场景"那一部分中提到的要点。其中应该指出：为了避免信息过多导致的混乱，最好按照各个项目对信息进行分类和整理。观察商业环境时的流程分为四个步骤：首先是施加影响的外在因素，其次是具体的市场相关信息，再次是竞争对手相关信息，最后是自己公司的状况。总而言之，要以一个通用项目总括信息。这种方法就称为"框架"。

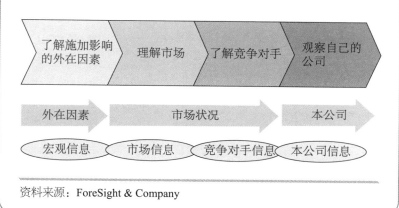

图 2-7-5

为了解决问题，需要总括相同的项目，并进行分类，此方法在"理解整个事件的场景"那部分中已经用过了。

○ 观察整个事件场景的流程

| 了解施加影响的外在因素 | 理解市场 | 了解竞争对手 | 观察自己的公司 |

| 外在因素 | 市场状况 | 本公司 |

宏观信息　市场信息　竞争对手信息　本公司信息

资料来源：ForeSight & Company

　　举一个事例来说明，图 2-7-6 的"与汽车相关的信息"中，除了 GDP 增长、持有汽车的年限、厂家的市场占有率、本公司销售额增长之外，还混合有多种多样的信息。如上所述，既然想了解某个行业的情况，相关信息必然广泛存在。一眼看上去，似乎真的难以整理。尽管如此，如果通过框架，即以通用项目进行统括、分类，就会发现其出乎意料地有条理。反言之，如果不进行框架整理，在各种数据混合的状态下，即使想要理解发生的事情，也极为困难。

图 2-7-6

例如，在"理解整个事件的场景"一项中，有如下内容。因为混合了非常多的数据，所以难以理解发生的事情。

○ 与汽车相关的信息

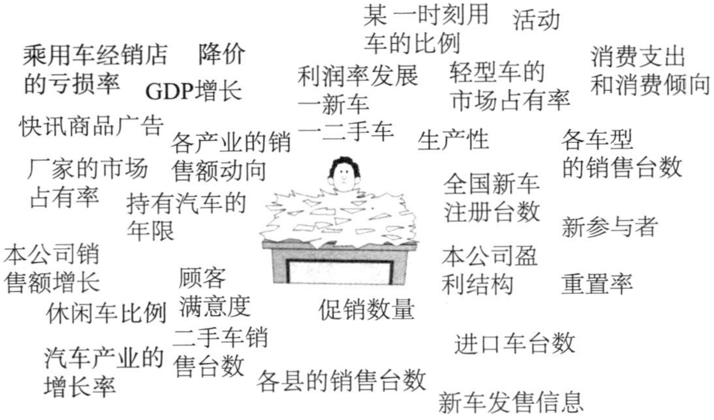

某一时刻用车的比例　活动

乘用车经销店的亏损率　降价　利润率发展—新车　轻型车的市场占有率　消费支出和消费倾向

GDP增长

快讯商品广告　各产业的销售额动向　—二手车　生产性　各车型的销售台数

厂家的市场占有率　持有汽车的年限　全国新车注册台数　新参与者

本公司销售额增长　顾客满意度　本公司盈利结构　重置率

休闲车比例　二手车销售台数　促销数量　进口车台数

汽车产业的增长率　各县的销售台数　新车发售信息

资料来源：ForeSight & Company

同时，为了探寻问题的核心，并不只是广泛收集、整理数据并对其进行细致分析即可结束。例如，为了查明钟表不走、闹铃不响的原因，假设对此钟表进行了拆解。此处希望大家注意的是，即使明白了其原因，如果不能解决并组装成原有的状态，结果只能是把钟表弄坏。

框架思考

图 2-7-7

如果想要理解这些内容，首先需要以大的总括对其进行分类。

◯ 混合的信息

宏观信息
- GDP增长
- 各产业的销售额
- 消费支出和消费倾向

竞争信息
- 新竞争参与者
- 厂家的市场占有率
- 乘用车经销店的亏损比率
- 新车发售信息

稍稍分类观察，会有如此不同

市场信息
- 汽车产业增长率
- 日本全国新车注册台数
- 二手车销售台数
- 持有汽车的年限
- 各车型销售台数
  · 进口车台数
  · 休闲系车比例
  · 轻型车市场占有率

本公司信息
- 本公司销售额增长
  · 服务销售额
- 本公司盈利结构
  · 降价
  · 利润率增长
    新车、二手车
- 生产率
- 促销数量
- 活动
- 快讯商品广告
- 某一时刻用车的比例
- 顾客满意度
- 重置率

资料来源：ForeSight & Company

◆ **只是分析，无济于事**

信息的分析也与此相同，通过分析，我们明白了一些信息，但是如果不理解这些信息的意义，就没有价值。的确，只要进行分析，种种事实自会明确。但是，当被问到"这些事实到底意味着什么"时，相信每个人都经历过因为事实太多而无法回答的情况。

例如，分析某公司的现状后，明白了以下几点：

①出勤时间长；

②员工数量的增长率不是很高；

③员工的任职率低；

④生产率有差距；

⑤忙碌时，无法充分应对顾客；

⑥店铺数量急剧增加；

⑦基本上没有员工培训。

如上所述，要想根据浮现出的七个事实，在短时间内正确导出问题，就非常棘手。

最终，人们会以自己的主观看法为中心试图理解它，或者将其判断为自己不能理解，从而置之不理。就前者而言，可能会得出例如"虽然店铺数量急剧增加，但是员工数量并未增加。因此，出勤时间变长，导致员工反感，从而导致他们辞职。因为基本上也没有员工培训，所以应对顾客都是敷衍了事，最终店铺运营也无法维持。因此，需要尽快增加员工数量"的结论。

这种分析条理清晰、头头是道，看起来总感觉很正确，然而果真如此吗？拥有质疑的态度很重要。正是在这种情况下，使用框架进行整理才比较好。前文中将作为事实获取的信息——"出勤时间长。基本上没有员工培训"作为任职率低的原因，又将任职率低作为员工数量不增加的原因。但是，如果在"任职率低"的左边写上"控制录用人数"，在"员工数量不增加"的右边加入"店铺数量急剧增加"

等，按照顺序落实到框架中，则会浮现出迄今没有人关注的项目。

图2-7-8

例如，具体明白了很多信息，但是问到"这些都代表着什么"时，便无言以对。

◎**通过分析需要理解的事项**

——出勤时间长。

——员工数量的增长率不是很高。

——员工的任职率低。

——生产率有差距。

——忙碌时，无法充分应对顾客。

——店铺数量急剧增加。

——基本上没有员工培训。

资料来源：ForeSight & Company

对于"店铺数量急剧增加""生产率有差距"这些方面，也需要进一步慎重研讨。如此一来，可能还会产生如下判断，即员工数量不足的问题，一方面是因为店铺数量急剧增加，另一方面火速培育人才也很困难。所以，可能需要重新研讨今后的开店计划。此外，也会出现新的视角，即生产率有差距不是员工数量不足引起的，可能是每个人的资质和能力存在差距引起的。

图2-7-9

最终，大多数人试图以自己的主观看法为中心理解，或者因不能理解而置之不理。

⊙ 一般性的理解方法

——虽然店铺数量急剧增加，但是员工数量并未增加。

——出勤时间较长，导致员工很快就辞职。

——基本上没有员工培训，员工应对顾客也是敷衍了事，店铺运营无法维持。
因此，需要尽快增加员工数量！
真的是这样吗？

资料来源：ForeSight & Company

根据以上内容，大概可以明白，最初得出的结论一眼看上去很正确，其实是何等的草率且危险。重要的仍然是将其切实落实到框架中，一面考虑其他的可能性，一面进行整理。

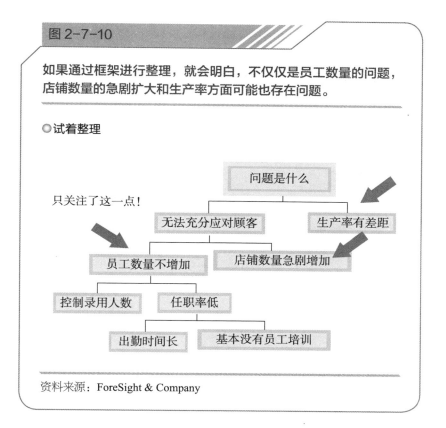

图 2-7-10

如果通过框架进行整理，就会明白，不仅仅是员工数量的问题，店铺数量的急剧扩大和生产率方面可能也存在问题。

○ 试着整理

资料来源：ForeSight & Company

如果再增加一项内容，就是想要提高客观思考、判断事物的材料的精度，以加深理解，并根据众多的信息，制作与目的一致的图表。

虽然开头将此框架定义为"解决问题时整理所需信息的工具"，但是，除此之外，思考的工具还包括语言或逻辑、数学或计算公式等，使用它们时根据场合区分即可。制作框架时，试着绘制图表，将更加容易理解。

图 2-7-11

想要进一步加深理解，需要通过与目的一致的框架整理信息。

○信息的整理

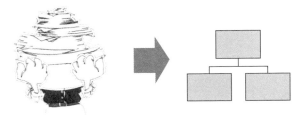

众多信息 → 结合目的，以有意义的
主题总括

资料来源：ForeSight & Company

图 2-7-12

思考的工具多种多样，根据场合分开使用较好。

○思考的工具

那件事情如果这样做会是……	y=ax+b 用餐：15人×3 次=45人次	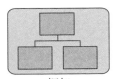
语言或逻辑	数学或计算公式	框架（试着绘制图表）

资料来源：ForeSight & Company

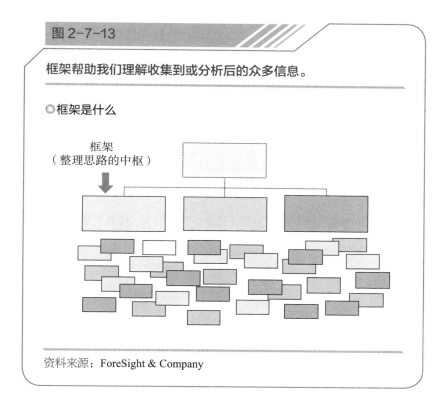

图 2-7-13

框架帮助我们理解收集到或分析后的众多信息。

○框架是什么

框架
（整理思路的中枢）

资料来源：ForeSight & Company

最后我们列举一下整理信息时应注意的三个问题。

①即使收集了众多信息，即使详细分析了收集到的数据，但如果不以通用主题进行总括，并整理统合，理解整体情况时就不能发现问题。

②在众多不同类型的信息混合的状态下，即使想要理解，也很困难。假如在这种状态下，认为"理解了"，其大多数也不过是自己的主观看法。

③防止错觉和误解的方法是建立框架。框架是整理并理解信息

和分析结果的工具。

图 2-7-14

前文的要点：　　　　　　　　CHECK POINTS

- 即使收集了众多信息，即使详细分析了收集到的数据，最后如果不理解其整体情况，也不能发现问题。
- 理解众多混乱的信息很困难。在大多数情况下，容易主观地认为"理解了"。
- 框架是整理并理解众多信息和分析结果的工具。

只要留意以上三点，就能够高效整理信息，也能够增加探索并提高解决问题的正确度。请大家务必尝试。

框架思考会让问题条理化

在推进解决问题时，人们有自找麻烦的"习惯"——常常凭借主观看法捕捉事物，凭借主观看法对信息进行取舍，之后对事物做出解释。

但是，不极力去除这种"习惯"，就无法客观地捕捉事物，也无法解决问题，从而陷入左右为难的境地。

能够帮助我们控制"习惯"，客观地理解事物的工具是框架。

在本节中，我们将具体学习框架的有效性和有助于理解企业应对措施的原有框架。

◆**框架尽在身边**

说到使用框架，很多人都会感觉特别难，其实这只是因为没有框架的意识，所以没有注意到而已，在我们身边，有很多使用框架的案例。

例如，去图书馆后，我们会发现图书分类很整齐，其分类方法有一定的规则。日本以十进制进行分类和整理，这也是按照项目进行

图 2-7-15

虽然没有注意，但是我们身边有很多使用框架的例子。

◯**图书的分类**

日本十进制分类
0. 综合类　　5. 技术
1. 哲学　　　6. 产业
2. 历史　　　7. 艺术
3. 社会科学　8. 语言
4. 自然科学　9. 文学

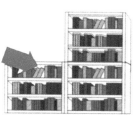

资料来源：日本十进制分类，ForeSight 编制

总括，因此也可以称其为某种框架。

再比如，假设关于本次从海外调来的新科长的形象，同事们提出了很多问题。"新科长佐藤先生是个什么样的人呢？""七头身比例，个子比较高。为他人着想，思考事物思路清晰，记忆力超群""还是一个体贴的人，擅长整理数据，非常帅气，是个非常优秀的科长"。如果是普通的对话，到此处就会结束。然而，如果通过框架进行整理，将会怎样呢？这就需要思考如何去整理新科长的特征，这就是框架。

图 2-7-16

关于本次从海外调来的新科长的形象，同事们提出了很多问题。

○**新科长的形象特征**

同事：这次新来的佐藤科长是个什么样的人呢？
自己：佐藤先生是个非常优秀的科长。
    ——七头身比例
    ——个子比较高
    ——为他人着想
    ——思考事物思路清晰
    ——记忆力超群
    ——非常体贴的人
    ——擅长整理数据
    ——非常帅气
同事：啊，那真是太好了……嗯……

资料来源：ForeSight & Company

现在，涉及新科长佐藤形象的信息有八条。如果仅是这样，信息过于散乱，只能传达出"好像是个很厉害的人，但是也不是很明白"的信息。于是，就需要我们按照各个项目对八条信息进行总括。

关于其分类方法，首先需要研讨八条信息中有多少条是通用的项目。于是我们就会明白，八条信息与"头脑""心地""体格"之一有关。

也就是说，"思考事物思路清晰""记忆力超群""擅长整理数据"与头脑相关，"为他人着想""体贴"与人格相关，"个子高""七头身比例""帅气"与身体特征相关。

图 2-7-17

整理人物特征时使用的头脑、心地、体格等类别，也可以称为一种框架。

○评价人物的框架

科长的特征

头脑
——思考事物思路清晰
——记忆力超群
——擅长整理数据

心地
——为他人着想
——体贴

体格
——个子高
——七头身比例
——帅气

资料来源：ForeSight & Company

于是，通过框架，将八条信息重新总括为三个类别，这样就能够将新科长佐藤评价为"头脑非常聪明的人""有人格魅力的人""颜值非常高的人"。

重要的是要养成一种习惯：不以个人主观看法来判断，而是将众多的信息分类为几个方框，通过这种方法理解信息。对信息进行分类的方框就是框架。

图 2-7-18

对信息进行分类的方框才是框架，而非自己的主观看法。

○框架是什么

资料来源：ForeSight & Company

◆如果心存主观看法，就无法发现本质问题

为什么说要重视框架呢？因为人类往往会心存主观看法。而且一旦我们存有主观看法，就绝对无法发现本质问题。

下面取汽车销售的事例展开思考。一旦新车销售不振，负责人很容易就会想："是不是因为现今社会的经济状况较差，结果销售员也丧失了干劲？""必须更加努力。"

之后，我们就会只想关注能够证实其推测的数据，这是人之常情。例如，取某推销区的新车销售台数并查看市场占有率；对比各据点的销售目标和达成率；以从业人员为对象展开问卷调查，试图理解"无心努力""具有怎样的意识"等。也就是说，根据自身所想，结合自己的主观兴趣收集数据的可能性会变高。

图 2-7-19

刚刚已有所涉及，在多数情况下，主观看法先行。之后，想要关注对其进行证明的数据，是人之常情。

◎主观看法

主观看法	数据
——新车销售不振 ——现今社会的经济状况较差，大家没有干劲 ——必须更加努力	——月度新车销售台数 ——县区新车销售台数 ——各据点销售目标达成率 ——从业人员问卷调查

资料来源：ForeSight & Company

为了避免这种情况，使用原有的框架，将思考扩展到其他可能性方面，对收集到的信息进行客观分类等就变得很重要了。

◆理解"3C"

如果想了解发生了什么事情，按照"顾客""竞争对手""本公司"三大框架进行整理，可加深理解。取"顾客（Customer）""竞争对手（Competitor）""本公司（Company）"的英文首字母，简称"3C"。使用这个框架，本质问题的轮廓即可浮现。

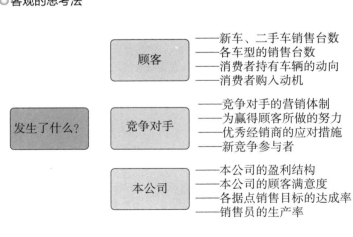

图 2-7-20

为了避免出现主观看法，有一种方法是使用原有的框架对得到的信息进行客观分类。

○客观的思考法

发生了什么?

顾客
——新车、二手车销售台数
——各车型的销售台数
——消费者持有车辆的动向
——消费者购入动机

竞争对手
——竞争对手的营销体制
——为赢得顾客所做的努力
——优秀经销商的应对措施
——新竞争参与者

本公司
——本公司的盈利结构
——本公司的顾客满意度
——各据点销售目标的达成率
——销售员的生产率

资料来源：ForeSight & Company

例如，更加具体地说，有的思考法也始于某种目的，例如"想要扩张公司的业绩"等。如此一来，就能够从"顾客""竞争对手""本公司"几个方面提高框架的具体性，如"用户正在寻求怎样的车""竞争对手如何赢得顾客""我们公司的问题是什么"。与此同时，所需信息和现在缺少的数据就更加明确了。

图 2-7-21

或者，目的是什么，为了满足其目的应当了解哪些信息，也可以从这些方面开始思考。

○ 始于目的的思考法

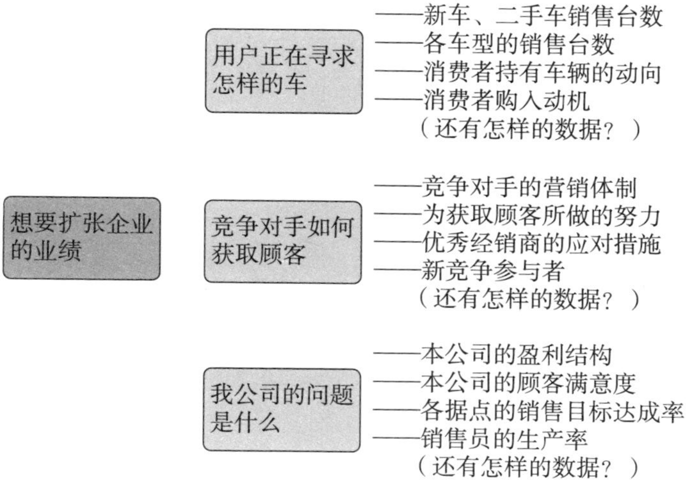

用户正在寻求
怎样的车
——新车、二手车销售台数
——各车型的销售台数
——消费者持有车辆的动向
——消费者购入动机
（还有怎样的数据？）

想要扩张企业
的业绩

竞争对手如何
获取顾客
——竞争对手的营销体制
——为获取顾客所做的努力
——优秀经销商的应对措施
——新竞争参与者
（还有怎样的数据？）

我公司的问题
是什么
——本公司的盈利结构
——本公司的顾客满意度
——各据点的销售目标达成率
——销售员的生产率
（还有怎样的数据？）

资料来源：ForeSight & Company

换句话说，不只是单纯地将现有数据分类为"3C"框架，还要持有某种目的对框架进行改造，据此就能够确认为了满足其目的，应当了解哪些信息。

在理解企业应对措施的基础上，活用"3C"框架即可。例如，针对"顾客是谁"这个提问，也许答案是理所当然的，但绝非如此。假如只出现了"日本全国有 1.27 亿人"这种回答，那并不是顾客。所谓顾客，指的是作为自己生意目标的人。所以，充分找准对象很重要。

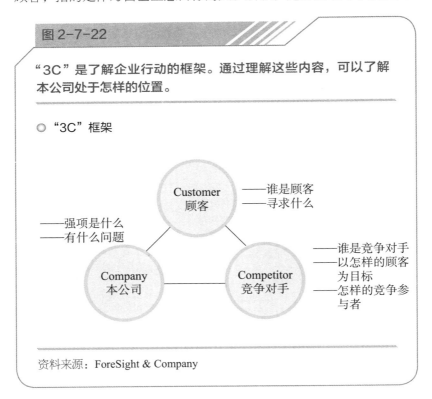

图 2-7-22

"3C"是了解企业行动的框架。通过理解这些内容，可以了解本公司处于怎样的位置。

○ "3C"框架

Customer 顾客
——谁是顾客
——寻求什么

Company 本公司
——强项是什么
——有什么问题

Competitor 竞争对手
——谁是竞争对手
——以怎样的顾客为目标
——怎样的竞争参与者

资料来源：ForeSight & Company

就竞争对手来说，也是如此。如果将竞争对手视为创业以来一直征战的企业和个人，实在是失职。当然，不否认其可能性，然而竞争对手正在不断变化。正如前文所述，即使某快餐连锁店的经营者说"竞争对手是手机"，也并不是不可思议。因为一直以来支持我们的顾客层有时将很多钱花费在手机上，从而相应减少了用在吃快餐上的钱。

使用"3C"框架即可整理并客观把握本公司当下所处的位置。作为类似的框架，使用图 2-7-23 所示"五力分析模型"进行说明。其由哈佛商学院的迈克尔·波特（Michael Porter）编制而成。

位于图正中间的是业界内的竞品。其左侧为卖方（供应商），右

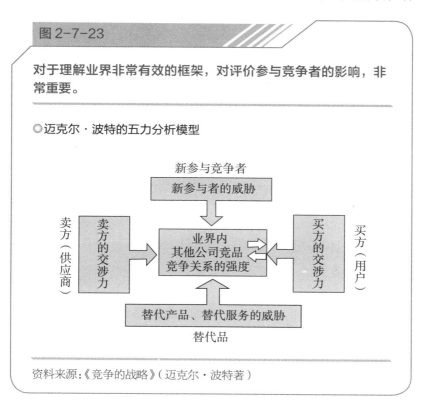

图 2-7-23

对于理解业界非常有效的框架，对评价参与竞争者的影响，非常重要。

○ 迈克尔·波特的五力分析模型

新参与竞争者

新参与者的威胁

卖方（供应商）　卖方的交涉力　→　业界内其他公司竞品竞争关系的强度　←　买方的交涉力　买方（用户）

替代产品、替代服务的威胁

替代品

资料来源：《竞争的战略》（迈克尔·波特著）

侧为买方（用户），上方为新参与的竞争者，下方为替代品。业界除了接受来自卖方与买方的交涉之外，还受到新参与竞争者的威胁和替代产品、替代服务的威胁。因此，理解一个业界时，观察这五大要素很重要。据此，理解度会有所加深。

一般情况下，如果被问"现在，业界在盈利的是谁"，大部分人会关心自己平时意识到的对手。但是，如果了解了这个框架，就会养成重新对比关注五大要素的习惯，从而能够不掺杂主观观念，客观地把握事物。

通常，将经营资源的要素分类为人、物、金钱、信息展开思考，这大概也可以称为一种框架。也可以再在其中追加品牌这个要素。

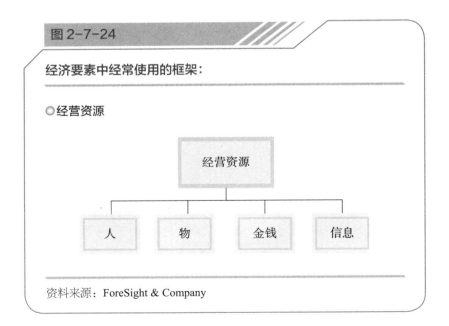

图 2-7-24

经济要素中经常使用的框架：

○经营资源

资料来源：ForeSight & Company

除此之外，20 世纪 80 年代出版的《卓越公司》（汤姆·彼得斯著）这本书中介绍的"7S"也可以称为适用于分析公司的框架，如图 2-7-25 所示。图正中间是通用的价值观、使命和愿景，其周围排列着战略、人才、组织、运营机制、组织技巧、企业风俗文化六大要素。而且要想成为优秀企业，必须切实做到这"7S"。

在活用这个框架观察一家企业时，将相关信息放入这 7 个方框中进行整理、调查，据此就能明白公司整体的目标。因此，希望大家掌握并付诸实践的做法是制作这种框架并将信息放入其中，而不是"通过报纸稍微查看一下那家公司的信息"。

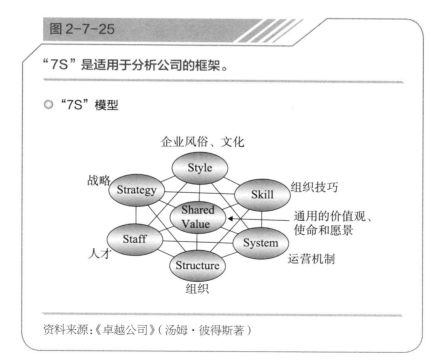

图 2-7-25

"7S"是适用于分析公司的框架。

○ "7S"模型

资料来源：《卓越公司》（汤姆·彼得斯著）

或者，在思考市场战略时，有市场"4P"这个框架。其源于"商品（Product）""价格（Price）""流通（Place）""广告宣传（Promotion）"的英文首字母。通过此框架整理公司的信息，也能够充分搞清楚该公司正在采取的行动。

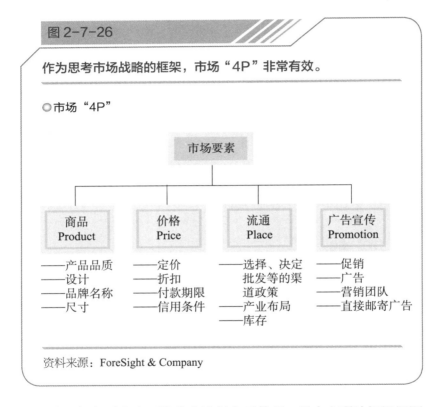

图2-7-26

作为思考市场战略的框架，市场"4P"非常有效。

○ **市场"4P"**

市场要素

商品 Product	价格 Price	流通 Place	广告宣传 Promotion
——产品品质 ——设计 ——品牌名称 ——尺寸	——定价 ——折扣 ——付款期限 ——信用条件	——选择、决定批发等的渠道政策 ——产业布局 ——库存	——促销 ——广告 ——营销团队 ——直接邮寄广告

资料来源：ForeSight & Company

利用框架对多方面的信息进行交叉整理，从中客观地把握问题点和所处位置，会有怎样的效果？框架可以帮助我们排除在无意识中选择对自己有利的信息和主观看法。

下面整理一下前文的内容。

①人大多心存主观看法，因此倾向于根据不全面的信息和分析解释事物。

②首先回归到原点，从大的框架开始整理，这一点很重要。据此可以加深理解。

③在理解企业的应对措施时，活用原有框架。

为了客观地理解信息，请大家务必留心以上三点。

图 2-7-27

前文的要点： CHECK POINTS

◎人大多心存主观看法，因此，会以不全面的信息分析和解释事物。

◎回归原点，从大的框架开始整理，就可以加深理解。

◎活用有助于理解企业应对措施的原有框架。

第 9 课

小组讨论问题

只要还未发现本质问题，就绝对无法解决问题。

不知大家是否理解了之前的内容？

解决问题时，存在一套流程和探索。

学习至此，相信大家已经有所察觉。

在本课中，大家要发挥自己独特的思考，充分利用数据，实际应对小组讨论问题。

也可能需要使用电脑，但最为重要的是将自己独特的思考写于纸上。

对于扎实学习至今的人来说，应该能够毫不费力地理解本课列举的小组讨论问题。

下面就请大家利用前文学到的知识，全力应对小组讨论问题。

关于母子住房问题的研讨

问题讨论 1：住在京都的母亲想要和儿子一家住在一起。母亲列举了很多理由，要求同住。

首先来看一下吉田先生的案例。住在京都的母亲想要和吉田先生一家住在一起。我们应该给他提出怎样的建议呢？

吉田先生现在和四个家人一起住在东京的公寓里。最近，独自生活在京都老家的母亲频繁地说："我想去东京跟你们住在一起。"这令吉田先生很烦恼。

总的来说，自从善于社交的父亲去世之后，母亲就很少与别人来往。不知是否因为这个，母亲日渐苍老。每当想到这些，吉田先生就于心不安，于是也想着或许可以住在一起。但是自己如今住的公寓稍有些狭窄，况且妻子认为一起住在狭窄的公寓里难以生活，不太赞成同住。这种状况在实际生活中也屡见不鲜。

那么，针对这件事情，大家会给出怎样的建议呢？请不要直奔解答路径，重要的是自己尝试思考。

图 2-8-1

小组研讨：住在京都的母亲想要和吉田先生一家住在一起。大家会给他提出怎样的建议呢？一起来看一下背景：

吉田先生和四个家人一起住在东京的公寓里。最近，独自生活在京都老家的母亲频繁地要求和他们住在一起，这令吉田先生很烦恼。自从善于社交的父亲去世之后，母亲与别人来往渐少，明显苍老。每当想到这些，吉田先生便想着也不是不可以住在一起，但是现在的公寓稍有些狭窄。妻子不太赞成，说："我不要住在一起。"那么，他应该怎么办呢？

这可是一个难题。应该怎么思考呢?……

资料来源：ForeSight & Company

解答路径

这的确是一个很难解答的问题，会出现怎样的答案呢？大概很多人都会有如下想法吧。

"问题点在于妻子反对住在一起，所以就讨好妻子，说服她同意吧。"

此外，有没有人像下面这样给出答案呢？

"反正现在的房子也很小。正好趁此机会，奋发努力，考虑买一栋能和母亲住在一起的两代同堂的房子不就好了吗。"

　　或者，也许有人还有下面这种想法。

　　"本来要来东京就是无理取闹。想办法让母亲自己解决自己的问题吧。"

　　"虽然感觉有些冷漠，但还是让母亲学点东西，这也是一个解决方案。通过学习，可以增加与各类人交往的机会，应该也不会感到太寂寞了吧。"

　　想必大家首先对问题点做了预测，随后思考了其对应的方案。但是，这样真的有助于解决问题吗？大家认识到的问题和解决方案不过是自以为是的看法，对于吉田先生的母亲来说，可能根本算不上解决。

　　首先，需要理解"为什么母亲说想要来东京和大家一起生活"。如果不理解这个问题，就无法给出正确的建议。换句话说，如果未认识到问题的本质，就无法解决问题。

　　归根结底，需要查明迄今，母亲平日里都说了些什么。仔细回想母亲的话可知，她说过"我很容易生病，很担心自己的身体"。其次，她也抱怨过"京都的房子太大了，打扫起来很麻烦""朋友越来越少，我感觉很无聊"。

　　于是，便得知吉田先生的母亲说出了很多理由。但是，她真正想说的是什么？此时，按框架思考就变得很重要。也就是说，不要陷于自己的主观看法，要客观地思考。

　　例如，如果按照框架思考，从"我很容易生病，很担心自己的

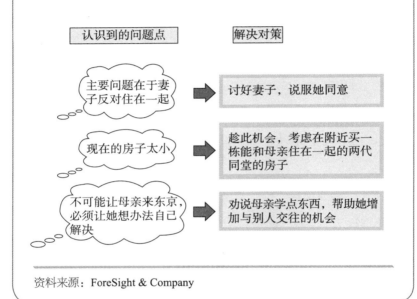

图 2-8-2

有没有人有如下想法呢？大家确实在为吉田先生烦恼的事情考虑对策。但是，这样真的能解决问题吗？

认识到的问题点	解决对策
主要问题在于妻子反对住在一起	讨好妻子，说服她同意
现在的房子太小	趁此机会，考虑在附近买一栋能和母亲住在一起的两代同堂的房子
不可能让母亲来东京，必须让她想办法自己解决	劝说母亲学点东西，帮助她增加与别人交往的机会

资料来源：ForeSight & Company

身体"这句话中就能捕捉到母亲正在倾诉自身的问题这个信息。关于自身的问题，母亲还进一步说明了"积蓄越来越少，经济上感到不安"，"虽然之前一直可以开车，但是近年来上了年纪，视力逐渐变差，反射神经也日渐迟钝，所以不想开车"。

又如，从"房子太大了，打扫起来很麻烦"这句话中，可以捕捉到母亲倾诉的是环境问题。"京都的冬天太冷了""一应俱全的东京很有吸引力"这些话也是如此。

图 2-8-3

那么，为了理解"母亲为什么想要和家人一起生活"，应该如何做？首先回想一下母亲平时说过的话，仅仅如此，还难以理解，所以就按照框架思考。

○理解本质问题点——示例

自身的问题

——很容易生病，担心自己的身体
——积蓄越来越少，生活上感到不安
——开车越来越困难

> 与母亲交谈，明白问题点后，易于思考对策。如果明白了最为重大的问题，则非常完美！此时的应对措施就能带来成果。

环境问题

——京都的冬天太冷了，怕冷
——房子太大了，一个人打扫很麻烦
—— 一应俱全的东京很有吸引力

人的问题

——朋友渐少，生活很无聊
——吉田夫妇忙于工作，母亲想去照顾孩子
——亲戚也多在东京

> 意欲解决问题，不发现本质问题，是无法做到的。

资料来源：ForeSight & Company

最后那句说朋友的话，可以认为是身外之人的问题。"儿子夫妻俩工作都很忙，我想去照顾孙子"这句话也可以理解为正在表述身外之人的问题。抑或是"很多亲戚都在东京"这类措辞也可以进行同样的归纳。

如上所述，按照相似的内容对母亲的话进行归纳分类，可以了解母亲真正面临的严峻问题。"人的问题"或"环境的问题"好像并没有那么重要，而"自身的问题"最为严峻。必须在认识到这一点的基础上，思考对策。

要点就是，要想解决问题，首先必须把握本质问题。但是，在这之前，一些琐碎的信息会源源不断地映入眼帘，萦绕于耳边。家庭的问题、公司的问题也是如此，会有多种多样的现象。此时要做的不是逐个应对这些现象，而是首先对其进行分组。这样操作，现象的轻重缓急就很明显了。

这样分类之后可知，吉田先生母亲的所有问题的根源在于"孤独"。如果从这个角度思考对策，问题就能迎刃而解。

最后，再次重复，千万不能被现象迷惑。首先必须找出本质问题。

关于手机销售问题的研讨

问题讨论 1：假如你是通信公司的员工。最近，上司对你说："听说国内手机市场趋于饱和状态。给你一天时间，调查手机市场。虽然时间有些短，能够调查到的内容也有限，但是我想知道国内手机市场的整体情况。"

上司对于手机市场的整体情况似乎不是很了解，所以要求下属用一天左右的时间进行调查。

此时，希望大家首先思考"探索"。夸张点说可以将其称为"工作计划"。通过充分思考如何推进工作，既可以提高效率，又能够带来好的结果。

下面就来思考需要怎样的工作"流程"。

图 2-8-4

于是，就来调查一下手机市场的情况吧。

假如你是通信事业公司的员工，你从上司那里接到了如下指示：

"最近，我听说国内手机市场趋于饱和状态。实际情况到底怎么样？虽然了解一些细节，但是好像不能抓住整体情况。给你一天时间，你能去调查一下吗？"

那么，市场上正在发生什么事情呢？
请展开调查。

资料来源：ForeSight & Company

解答路径

大部分人一旦遇到课题，就会迅速开展工作。但是，在大多数情况下，盲目地开展工作，只会降低效率，而且也无法发现精彩的内容。因此，首先要在大脑中构建大致的流程，这个步骤很重要。

为此，首先必须理解顾客（这里指上司）寻求的是什么。因为如果能够充分把握"在此项工作中顾客寻求的是什么"，也就是把握对方的期望是什么，就能收集与其相符的信息，并展开分析。下一个重要的阶段是通过框架进行概括、整理。

首先，了解"目的"和"背景"。其次，必须时刻明确"自己现在想要了解哪些信息"。

在此基础上收集信息，进而根据收集到的信息和数据绘制图表。绘制图表的目的是加深对"正在发生什么"的理解。之后，一边观察完成的图表，一边提出"为什么会得出这样的数据""此变化因何而起"等问题，进一步加深理解。

我所说的"分析"，是指把信息拆分得又细又碎，使其浅显易懂，以便理解现在正在发生的事情。图表是推进分析所需的工具。

制作完图表后的下一步工作是以通用的主题汇总信息和数据。按照这个操作，将分组概括为"用一句话表示的内容"。以上是整体的流程。

下面我们就来逐个展开。大家已经独立地进行了思考和探索，正在思考"上司的期望在哪里""如果要满足其期望，应该收集怎样的信息"等问题。

此处，请大家再一次思考："期望是什么？"希望大家踊跃地写下自己的想法。

结果如何呢？从目的和背景以及应该了解事情的明确度方面来说，重要的是"一天的时间收集能够搞清楚整体情况的信息和数据"。

这是上司的期望。特别是"一天"这个限制条件很重要，因为只有一天时间，所以不能过多地追求细节，但是这也并不意味着只涉及表层的内容即可。"充分调查重要的点""将没有那么重要的内容作为以后的课题""同时不忘努力呈现整体情况"——应当留心的条件大概就是这些吧。

图 2-8-5

明白了吗？盲目地开展工作，不仅效率较低，而且也无法发现精彩的内容。大致的流程原本是怎样的呢？

○工作的流程

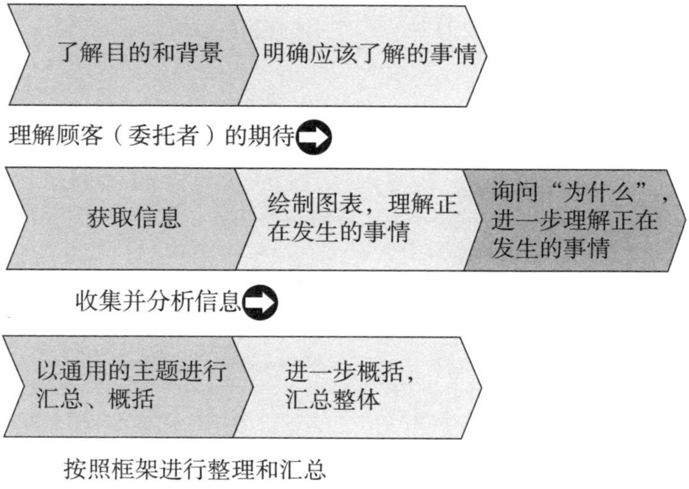

| 了解目的和背景 | 明确应该了解的事情 |

理解顾客（委托者）的期待 ➡

| 获取信息 | 绘制图表，理解正在发生的事情 | 询问"为什么"，进一步理解正在发生的事情 |

收集并分析信息 ➡

| 以通用的主题进行汇总、概括 | 进一步概括，汇总整体 |

按照框架进行整理和汇总

资料来源：ForeSight & Company

213

图 2-8-6

用一天的时间收集能够搞清楚整体情况的信息和数据。

● 理解期望和收集信息

| 了解目的和背景 | 明确应该知道的事情 | 获取信息 |

理解了目的和背景之后,首先就是从大处着眼观察

| 明确信息源 | 获取能够帮我们搞清楚整体的信息和数据 | 获取用于帮我们理解整体变化的信息和数据 | 获取能够帮我们理解竞争状况的信息和数据 |

对!首先要搞清楚为什么收集信息。需要捕捉其目的和背景,从而进一步理解委托者的期望!

此时,利用一天的时间,使他人搞清楚整体情况就可以了吧!

如果想要了解手机行业的整体情况,只要粗略地调查市场环境(整体的趋势、顾客的动向、竞争状况)就可以了吧!

资料来源:ForeSight & Company

接下来是获取信息。重点是并非一开始就从细节着手,而是先搜寻能够帮我们搞清楚整体情况的信息。如果一开始便进入细节阶段,那么后期工作将混乱得不可收拾。

实际上，明明很努力地工作，却不见成果，多数是因为所做的事情过于琐碎。因此，希望大家暂时回归原点，在描绘整体职业蓝图的基础上，思考当下位于哪个阶段。

这个案例也是如此，首先需要获取能够帮我们搞清楚业界整体情况的信息和数据。其次，收集能帮我们理解业界变化所需要的信息和数据，顺便收集能够帮助理解竞争状况的信息和数据。要遵循从大（整体）到小（细节）的流程。

业界的整体情况是指市场变化趋势。因此，我们就来调查一下业界整体的动向、顾客的动向以及竞争状况。如果按照框架思考，由于这个案例研讨的不是自己公司内部的情况，所以，在"3C（顾客Customer、竞争对手Competitor、本公司Company）"中，就只需要查看前两个C。

下一个课题是思考该收集什么样的数据。此处，如果大家能够想到"来收集这样的数据吧""我想要了解这样的信息"，是非常好的。因为意识到"为了描绘业界的整体图景，需要了解这类信息"这一点很重要，但这的确是出乎意料地困难。

那么，会出现怎样的疑问呢？"手机市场的规模有多大？""在增长，还是在衰退？""主要的顾客群是怎样的？"想必大家会有这样的疑问吧。如果有这样的疑问就太好了，因为上司肯定也会有相同的疑问。

其次是思考有哪些竞争对手。此处应该会不断出现很多需要了解的内容。例如，"现在参与到市场竞争中的企业大概有多少""什么样的企业在参与""有没有正在打算参与的企业""如果有成功的公司,其秘诀是什么"。但是,在商业领域思考某些问题时,不能茫然地"全部都想要了解",而是需要在大脑中想象并描绘框架,同时在框架中进行思考。

在下一个阶段中,必须就信息源展开思考。一开始应该搜集普通、常见的资料。首先,尝试使用互联网搜索。当然要查看与手机行业相关的政府机关、业界团体的网站等。之后,应该能够查看日本总务省和电波产业界等的网站。

如果想要进一步调查,建议去书店和资料中心。也许有人会想"外出调查效率低,所以应该只通过互联网调查",然而这种想法并不正确。在书店和资料中心,想要了解的书近在眼前,即便只是粗略地浏览,除了获取信息,还能够收获各种"意外"。这对抓住业界整体情况格外重要。

相反,在大多数情况下,如果用互联网逐个选择项目,只能满足查看所选的内容。当然这也不是坏事。但是,如果去日本效率协会综合研究所市场资料库(MDB)、政府刊行物服务中心等机构,会发现大量相关的统计书。如果在了解了这些内容的基础上,锁定了想要了解的数据,之后活用网络搜索,就能够得到更有深度的信息。

图2-8-7

项目确定之后，就着手找寻能够提供所需信息的信息源，这很
重要。

○ 信息源的明确化

搜集普通、常见的资料	实地踏足书店和资料中心	锁定想要了解的数据，进一步搜索
从简单的互联网搜索做起！查看政府机关和业界团体所辖的网站，可能会搞清楚一些信息。	好像有非常多的资料。记下书名、出版商，去书店和市场资料库实地提取数据。其中也包括白皮书资料，上面可能刊载了很多信息。	虽然汇集了很多政府刊行物等可靠性高的材料，但问题是数据稍显老旧。然而，手机市场变化迅速，似乎需要掌握最新的数据。接下来就需要通过搜索报纸、杂志、总务省统计局统计中心的数据库，调查最新数据。

日本总务省
——《通信利用动向调查》
——《通信产业实态调查》
无线工业及商贸联合会
——《电波产业调查统计》

书店、市场资料库
——交流机器
——市场总览
　（富士凯美莱总研）
政府刊行物服务中心
——《邮政事业厅通信白皮书》

搜索报纸、杂志
——日经Telecon21
日本总务省
——统计局统计中心
——信息通信统计数据库

资料来源：ForeSight & Company

　　但是，书店和资料中心也有弱点。通常情况下，即使是最新的
内容，也只存有一年前的数据，因为发布之前需要一定的汇总时间。
当然，对于大学老师来说，这些资料就足够了。进行研究和教育时，

只要是准确的资料，稍微有些旧也无妨。然而，在商业领域，"充分理解最近正在发生的事情"必不可少，它需要谋求更新的信息。正因为如此，通过互联网等接触最新的信息才显得尤为重要。

信息收集到某种程度后，就要开始绘制图表。绘制图表的目的是有利于更加高效地推进分析。所谓分析，是指对收集到的数据和数据的意义展开思考。但是，如果只是观察原始的数值数据，就完全不能进入大脑。如果将其图表化，就能够从视觉上理解，从而一气呵成地完成分析。进一步观察图片，同时提出"嗯？为什么是这种情况？"的疑问，有时可以找到新的分析线索。

不言而喻，绘制图表并不是目的。图表只不过是帮我们加深理解所需的工具而已。此外，在绘制图表时，也希望大家务必采取从大到小的顺序，绘制整体情况后，再探索细节。

下面我们就来实际绘制图表，也可使用演示文稿和电子表格。虽然说这只是帮我们加深理解的工具，但是也必须制作出名副其实的图表。为此，搜寻应用软件也无可非议。本课程中使用的是非常好用的演示资料编制软件——"SOLO"。实际上，如果看到美观漂亮的图表，有时候会自然而然地觉得此图表很有内容。因此，制作出色的成品图这个努力不可或缺。

在关于手机市场的图 2-8-8 中，以金额为基础设定了纵轴，单位为兆日元。仅仅通过这些信息，应该就能传达"手机行业有巨大的市场"这个信息。此外，只是观察整体，并没有多大意思，所以，按照日本最大的手机生产公司 NTT DOCOMO 和"手机 NCC（新参与竞争的手机生产企业）"的范畴进行了分类。

其次，坐标图中写着 CAGR。CAGR 是指对象时间（图中指七年时间）的年均增长率（复利计算）。

从 1993 年到 2000 年的短短 7 年内，手机年增长率足足有 38.24%。这是惊人的增长，相信无人不知。看到这些后，大家或许会自问自答："为什么会有这样快的增长？""想来，最近每个人都有

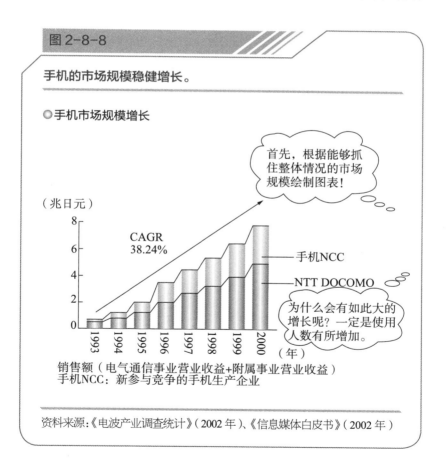

图 2-8-8

手机的市场规模稳健增长。

○**手机市场规模增长**

首先，根据能够抓住整体情况的市场规模绘制图表！

（兆日元）

CAGR
38.24%

手机NCC

NTT DOCOMO

为什么会有如此大的增长呢？一定是使用人数有所增加。

1993 1994 1995 1996 1997 1998 1999 2000 （年）

销售额（电气通信事业营业收益＋附属事业营业收益）
手机NCC：新参与竞争的手机生产企业

资料来源：《电波产业调查统计》（2002 年）、《信息媒体白皮书》（2002 年）

一部手机，肯定是使用人数增加了。”此处，我们的大脑中可能会浮现“使用人数”这个词语。那么，我们就来调查一下使用人数，再次绘制图表。

图 2–8–9 中，在累计使用人数柱状图的基础上，增加了使用人数同比增长率的折线图。看到这些后，应该能够明白，以前的增长率非常大，但是随着年份的增长，增长率逐渐变小。

图 2–8–9

虽然使用手机的人数稳健扩张，但是其增长率逐渐下降。

◎累计使用手机的人数和同比增长率

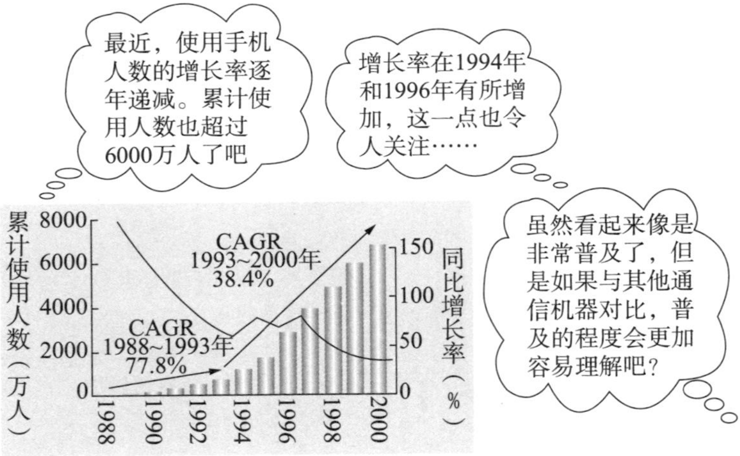
最近，使用手机人数的增长率逐年递减。累计使用人数也超过6000万人了吧
增长率在1994年和1996年有所增加，这一点也令人关注……
虽然看起来像是非常普及了，但是如果与其他通信机器对比，普及的程度会更加容易理解吧？
累计使用人数（万人）
8000
6000
4000
2000
0
CAGR 1993~2000年 38.4%
CAGR 1988~1993年 77.8%
150
100
50
0
同比增长率（%）
1988
1990
1992
1994
1996
1998
2000

资料来源：以富士凯美莱总研的“沟通交流机器市场总览”为基础制作而成

另一方面，累计使用人数达到约 7000 万人。当然，有的人也会持有多部，所以不能就此断言"日本 1.27 亿国民中，有 7000 万人持有手机"。但是，此处重要的是"增长率逐渐跌落"。因为从这张图中可以清晰地看到，手机市场已无法期待往日的增长。

此外，希望大家同时着眼于"不知为什么，1994 年和 1996 年的同比增长率有所上升"，并心存疑问。出现这种变化，一定有其原因，对其进行调查也是不可或缺的工作。如果疏忽了这一点，直接将图表提交给上司，当被问到"为什么会有这种变化"时，就会完全无法应对。即使辛辛苦苦地工作了，也只会被降低评价。

那么，1994 年和 1996 年为什么会增长呢？通过报纸搜索，调查一下当时发生了什么事情吧。于是发现，1994 年导入了全部售出制度，之前一直处于租赁状态的手机，顾客得以自由选择并买入。其次，TU-KA 和 Digital Phone 等企业新加入，开始展开价格竞争，最终导致手机使用人数急剧增加。1996 年取消手机新用户费用后，不再花费多余的钱，使用手机的人数因此进一步增加。

或者，将数据与其他信息通信机器进行对比，这个视角也很重要。图 2-8-11 就是以此为主题绘制而成，纵轴设为增长率，横轴设为持有率。

于是便知，与电脑、传真机、小灵通（PHS）等相比，手机的普及率非常高，因此增长率也很高。

图 2-8-10

理解市场时，要着眼于引人注意的点，并调查其原因，这些也很重要。

○ 1994 年和 1996 年增长率上升的原因

使用人数的增长率逐年衰退，只有1994年和1996年有所增长，其原因是什么呢？

1994年导入了"全部售出制度"，之前只能处于租赁状态的手机，现在客户可以自由选择并买入。其次，Tu-Ka和Digital Phone等企业新加入，由于竞争，终端价格、话费、基本费用下降，导致使用人数增加，从而提升了增长率。

1996年，各企业取消了手机新用户的费用。这可能是增长率上升的原因。

资料来源：《日经产业新闻》（1996 年 7 月 11 日、1997 年 1 月 13 日）

再者，通过这张图，着眼于"各年龄段顾客的手机持有率"这个词语，希望大家同时能够类推出"手机已经非常普及，增长率趋于迟缓。但是，这张图仅仅展示了各年龄段顾客的手机持有率。当然，其年龄段中也可能包括祖父母和中小学生。这些人不会都持有手机，因此，手机市场还可能会扩张"。类推是指理论性地思考可能性。如果只是观察图表就能够完成这项工作，确实很了不起。

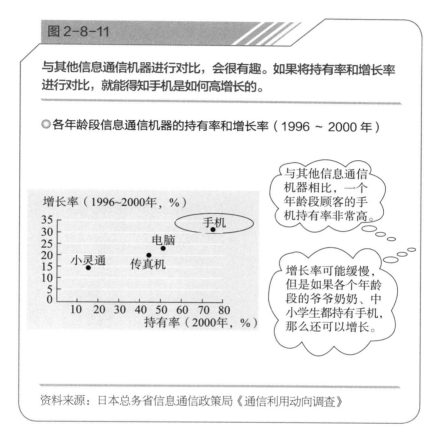

图 2-8-11

与其他信息通信机器进行对比，会很有趣。如果将持有率和增长率进行对比，就能得知手机是如何高增长的。

○各年龄段信息通信机器的持有率和增长率（1996～2000 年）

增长率（1996~2000年，%）

手机

电脑

小灵通　传真机

持有率（2000年，%）

与其他信息通信机器相比，一个年龄段顾客的手机持有率非常高。

增长率可能缓慢，但是如果各个年龄段的爷爷奶奶、中小学生都持有手机，那么还可以增长。

资料来源：日本总务省信息通信政策局《通信利用动向调查》

　　问题讨论 2：之前，我们在理解调查目的的基础上，观察了市场的整体状况。下面请大家观察顾客和竞争对手的状况，同时绘制图表，进行汇总。

　　明白了很多事实后，不能就此搁置。因为展示了事实之后，如果对方问"为什么会发生这种情况"，而如果我们回答"不知道"，则会失去调查的意义。为了不发生这种情况，必须写出已经搞明白的事实。在此基础上，进行汇总。好不容易调查得到了事实，如果就此搁置，有时甚至会忘记。因此，希望大家一定要将调查的结果绘制在图表上，并进行汇总。

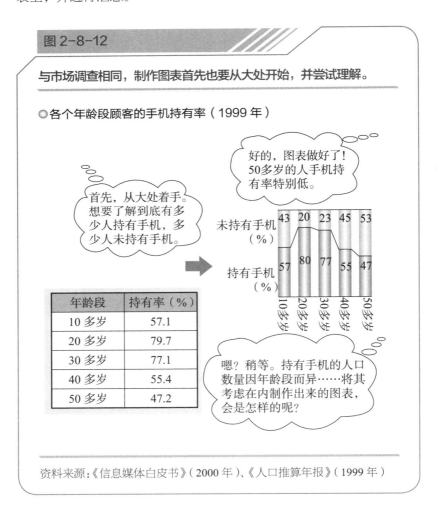

图 2-8-12

与市场调查相同，制作图表首先也要从大处开始，并尝试理解。

○各个年龄段顾客的手机持有率（1999 年）

首先，从大处着手。想要了解到底有多少人持有手机，多少人未持有手机。

好的，图表做好了！50 多岁的人手机持有率特别低。

年龄段	持有率（%）
10 多岁	57.1
20 多岁	79.7
30 多岁	77.1
40 多岁	55.4
50 多岁	47.2

嗯？稍等。持有手机的人口数量因年龄段而异……将其考虑在内制作出来的图表，会是怎样的呢？

资料来源：《信息媒体白皮书》（2000 年）、《人口推算年报》（1999 年）

下面就实际操作一下吧。首先从大处（整体）着手。如果一开始便着手于小处（细节），一定会失败。

具体来说，要在脑海中浮现出几个问题——"手机的持有率是多少，都有哪些持有者、非持有者""持有年限和手机的利用状态如何""是怎样使用手机的，只是打电话，或者还会发短信""对功能是否满意"。将这些问题写出来思考一下也无妨。

解答路径

首先，按照年龄段分类观察"手机的持有率"。通过观察数据可知，持有人与未持有人的比例因年龄段而异。希望大家根据这些数据绘制图表。仅仅凭借观看数据而引出其意义，非常困难，因此必须绘制图表。

相信一定会得出类似于下面这样的图（图 2-8-13），其以柱状图形式展示了各个年代持有者与非持有者所占的比例。的确，根据这个数据，大概只能写出这些内容。但是，这里是不是也会有人想："持有手机的人数是不是会因年龄段而异？"也就是说，如果把实际的人口数量也计算在内，其含义可能会稍有不同。因此，对其展开了调查。

于是发现，30 多岁、40 多岁、50 多岁，持有手机的人口随着年龄的增加而增加，但是手机持有率在下降。据此绘制图表，会怎样呢？

大概有人会将人口分布和持有率的图排列在左右。非常遗憾，那样实在让人难以理解。由于制作图的方法不同，有时反而更加难以观察。"将两个不同的图排列在左右"是其中一种示例。

那么，图 2-8-14 左边的图绘制得怎么样呢？也就是"柱状图的纵轴标尺代表人数，在其圆柱中标注比例"。如果这样绘制，还能够理解，但是还需要稍微下点功夫。因为虽然明白了整体的人数和比例，但是难以查看持有者与非持有者的绝对值。

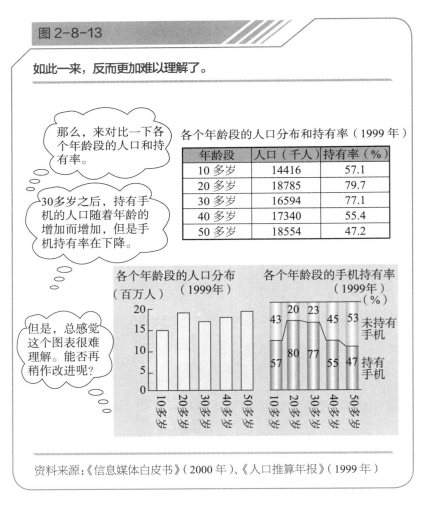

图 2-8-13

如此一来，反而更加难以理解了。

那么，来对比一下各个年龄段的人口和持有率。

各个年龄段的人口分布和持有率（1999 年）

年龄段	人口（千人）	持有率（%）
10 多岁	14416	57.1
20 多岁	18785	79.7
30 多岁	16594	77.1
40 多岁	17340	55.4
50 多岁	18554	47.2

30多岁之后，持有手机的人口随着年龄的增加而增加，但是手机持有率在下降。

但是，总感觉这个图表很难理解。能否再稍作改进呢？

资料来源：《信息媒体白皮书》（2000 年）、《人口推算年报》（1999 年）

以这一点为基础，绘制了图 2-8-14 右边的图。"横轴代表人数规模，纵轴代表年龄段，中间设置基准轴。其右侧绘入持有者，左侧

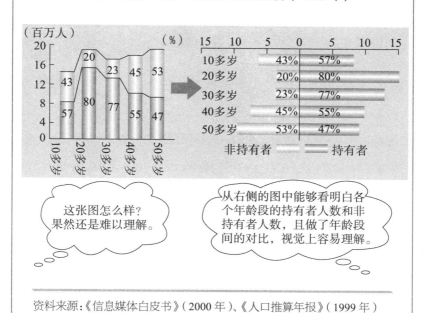

图 2-8-14

以持有者和非持有者的人口规模为重要因素，在制作图表时也需要多下功夫。

◎各个年龄段手机的持有者、非持有者及其比例（1999 年）

这张图怎么样？果然还是难以理解。

从右侧的图中能够看明白各个年龄段的持有者人数和非持有者人数，且做了年龄段间的对比，视觉上容易理解。

资料来源：《信息媒体白皮书》（2000 年）、《人口推算年报》（1999 年）

绘入非持有者"。如此一来可看出，"40 多岁、50 多岁的非持有者较多。换句话说，这是隐藏新可能性的较大市场""令人意外的是，10 多岁的人持有率较低。是不是因为高中生以下的人基本上不带手机呢？"这类信息就能让人一目了然，能让人立即理解。绘制图表时，需要充分思考其目的和想要传达的引导性信息，并进行独具风格的努力和加工，这些极为重要。

其次，再来应对更加详细的问题——"手机都有哪几种使用方法"。搞清楚使用方法很重要，特别是各个年龄段的人使用手机的方法完全不同，这一点在调查之前就已经很清楚了。例如，即使大家的爷爷奶奶持有手机，有没有人会一直关闭电源？或者说，虽然他们会使用手机打电话，但是他们完全不会发送短信吧？

图 2-8-15 使用折线坐标图绘制而成。横轴按照各年龄段（12～19 岁、20～34 岁、35～49 岁、50～69 岁）获取数据。最上面的实线代表通话，以下分别代表短信、信息提供服务、数据通信的线条。从图中可以看出，年轻人经常使用短信功能，壮年、高龄者随着年龄的增长使用短信功能在逐渐减少。此外，在信息提供服务方面，20～34 岁为高峰。总而言之，可以说年轻人会非常全面地使用手机的功能，反之年龄越高越不会使用附加功能，这一点也需要搞清楚。

另外，应该也有人会想："经常会发布新款手机啊。使用多长时间后，大家会换新呢？"根据这个视角，绘制了各个年龄段的使用手机期限图。观察图可知，10 多岁、20 多岁的人会不断更换成新产品。

那么，如果大家是从事手机行业的人，将会怎样做呢？假如 40多岁、50 多岁的人中，有非常多的人没有手机，同时年轻人都扑向新产品，实际上年轻一代中大约有一半的人一年以内会更换新手机，那么大家是否能够想到商机的萌芽便在此处呢？

图 2-8-15

由此可知，随着年龄的增长，顾客基本上不使用手机发送短信、连接互联网等信息提供服务和数据通信。

○各个年龄段的顾客使用手机的目的（2001 年，多选）

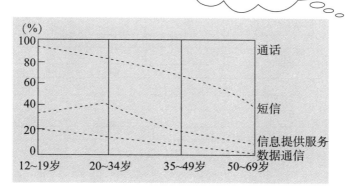

资料来源：影像调查"持有和使用手机的状况"

　　如果大家有时间，是否也应该调查一下"到底手机的哪些方面受欢迎，是时尚性还是功能呢"？但是，上司要求"时间为一天左右"，在这个条件下，调查至此即可停止。

图 2-8-16

10 多岁、20 多岁的人使用手机的时间较短，短期内会换新。

○各个年龄段的顾客使用手机的时间（2001 年）

> 手机好像会频繁出现新款式，大家使用多久后，会更换新款式呢？

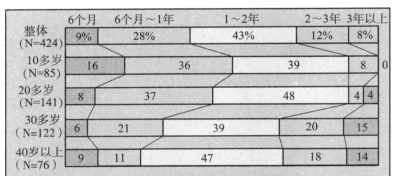

	6个月	6个月~1年	1~2年	2~3年	3年以上
整体 (N=424)	9%	28%	43%	12%	8%
10多岁 (N=85)	16	36	39	8	0
20多岁 (N=141)	8	37	48	4	4
30多岁 (N=122)	6	21	39	20	15
40岁以上 (N=76)	9	11	47	18	14

*使用手机的时间：现在使用的手机到之前使用的最后一个手机之间的使用时间

> 年轻一代中，约一半的人1年之内会更换手机。

> 换新周期较短的年轻一代购买手机时，看重的是什么呢？时尚性？功能？如果有时间，进行一番调查，也确实很有趣。

资料来源：手机和小灵通的使用实态调查 2002 年由信息通信网络产业协会计算

至此，手机用户的情况我们已经有所了解。接下来就需要针对竞争对手（也就是竞品状况）展开调查。请大家想象一下需要了解哪些信息。首先，能够勾勒出整体的信息是什么，大致构思出"整个事件的场景"很重要，例如"参与市场竞争的企业大概有多少""各个企业的市场占有率如何"等。

其中，大概也有人会想"与通信相关的业界形势激烈动荡，因此手机行业一定也有激烈的动向"。这个想法非常好。变化异常激烈的业界需要按照时间顺序进行追溯，因为通过观察就能充分明白，随着时间的推移，参与竞争的企业出现了怎样的变化。此外，希望大家一定要调查市场占有率的变化。因为据此可以搞清楚，参与竞争的企业强于何处、弱于何处，将在什么地方不断发力。

首先，要追溯随着时间的推移，参与竞争的企业出现了怎样的变化。如果大家获取了这类数据，不如试着绘制成图表。这正是所谓误差分析。

实际绘制后，得到图 2-8-17。最上面为 NTT DOKOMO 集团，再上方应该能看到一个椭圆，上面写着"1985 年……"。这表示 1985 年实施第一次通信自由化。误差分析中，重要的是将年代放于横轴，按照时间顺序写出重要事项。下一个椭圆中写着 1994 年"全部售出制度"的导入。自 1988 年开始，IDO、Cellular 集团（DDI）、TU-KA 集团相继加入，Digital Phone 集团登场。此外，通过此图可知，此时正向汽车电话时代迈进，从第一代、第二代手机向如今的第三代手机变化。

图 2-8-17

因为手机行业实施的是准入制，所以参与进来门槛较高，而且需要大规模的设备投资。因此，近年来，没有新竞争参与者，而是推进企业整合。

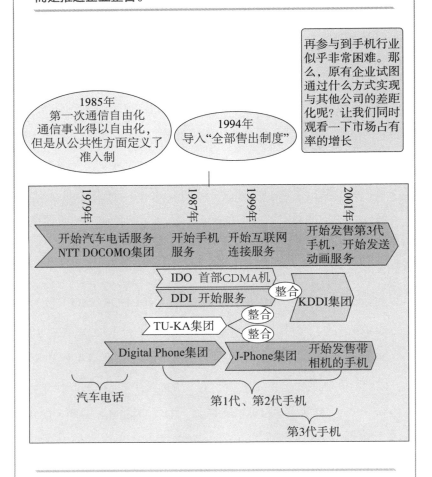

再参与到手机行业似乎非常困难。那么，原有企业试图通过什么方式实现与其他公司的差距化呢？让我们同时观看一下市场占有率的增长

1985年
第一次通信自由化
通信事业得以自由化，
但是从公共性方面定义了准入制

1994年
导入"全部售出制度"

1979年　1987年　1999年　2001年

开始汽车电话服务
NTT DOCOMO集团
开始手机服务
开始互联网连接服务
开始发售第3代手机，开始发送动画服务

IDO 首部CDMA机
DDI 开始服务
整合
KDDI集团

TU-KA集团
整合
整合

Digital Phone集团
J-Phone集团
开始发售带相机的手机

汽车电话

第1代、第2代手机

第3代手机

资料来源:《通信服务》(2002 年)

接着，通过图 2-8-18 观察一下市场占有率。手机行业也存在企业间的整合，所以也需要将其考虑在内。非常引人注意的是，企业新参与竞争非常困难，这一点大家应该很清楚。左侧写着 Digital Phone Digital、TU-KA、IDO 等以前的参与企业。经过整合，最终变为右侧所写的 J-Phone、KDDI、NTT DOCOMO 三大集团。于是，按照这个流程计算，NTT DOCOMO 集团拥有 59.6% 的市场占有率，KDDI 集团的市场占有率是 23%，J-Phone 集团的市场占有率是 17.4%。

通过观察，我们应该能够明白，市场占有率代表竞争力。那么，是什么样的差异化导致了竞争力出现较大的差距呢？"iMode"和"Sha-Mail（写真邮件）"应该是引起差距化较大的原因吧。实际上，图中也有展示，NTT DOCOMO 和 J-Phone 在提供新服务的同时，也在扩张市场占有率。

另一个重要的因素是报纸、杂志报道的搜索。正因为手机市场变化非常激烈，因此掌握最新的信息极为重要。

2002 年 3 月 6 日，《日经产业新闻》上刊登了一则非常好的报道。此处，重要的是一个一个去充分理解。但是，如果报道过多，反而使人感到混乱。因此，希望大家回想一下"对于收集到的众多信息，特别是通过报道搜索等获取的信息，应该通过框架进行整理"这一点。也就是说，根据自己的思考基准、整理基准，重新汇总报道，再次进行评价，这样就能更加容易地理解发生的事情。

图 2-8-18

NTT DOCOMO、J-Phone 在提供新服务的同时，扩张市场占有率。

◎各企业市场占有率的增长（1996 ～ 2001 年）

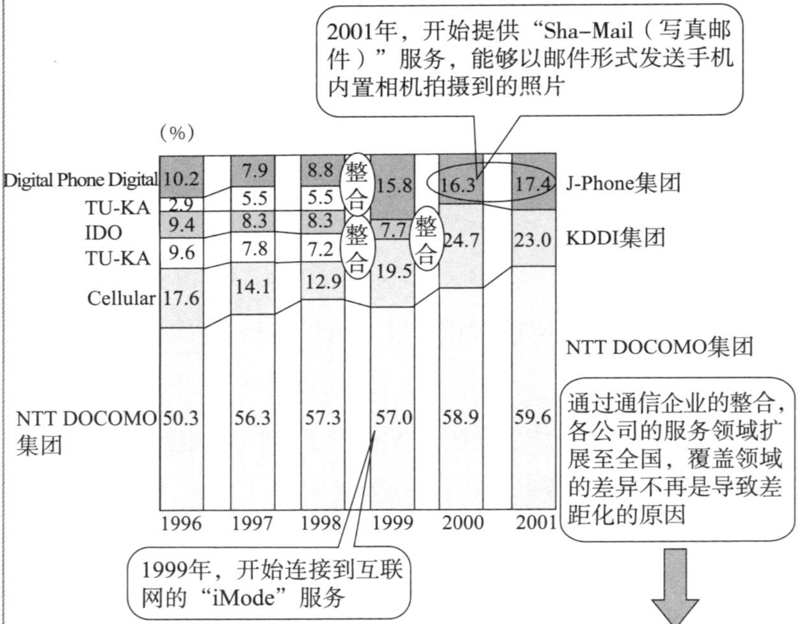

2001年，开始提供"Sha-Mail（写真邮件）"服务，能够以邮件形式发送手机内置相机拍摄到的照片

（%）

	1996	1997	1998	1999	2000	2001	
Digital Phone Digital	10.2	7.9	8.8	整合	15.8	16.3	17.4	J-Phone集团
TU-KA	2.9	5.5	5.5				
IDO	9.4	8.3	8.3	整合	7.7	整合	24.7	23.0	KDDI集团
TU-KA	9.6	7.8	7.2		19.5		
Cellular	17.6	14.1	12.9				
NTT DOCOMO集团	50.3	56.3	57.3	57.0	58.9	59.6	

NTT DOCOMO集团

通过通信企业的整合，各公司的服务领域扩展至全国，覆盖领域的差异不再是导致差距化的原因

1999年，开始连接到互联网的"iMode"服务

通过"iMode"和"Sha-Mail（写真邮件）"的服务，NTT DOCOMO和J-Phone分别扩张了较大的市场占有率，这也就说明企业的服务是出现差距化的要点。

那么，到底试图通过哪种手段，谋取差距化呢？

资料来源：根据社团法人电气通信事业协会调查资料编制

例如，"普及率超过 50%，新用户的增长迟缓"等报道是针对市场动向展开的。"寻求'简单手机（Simple Phone）'的顾客中，约一成为年轻人"等，可以视为是对顾客需求的报道。"各公司骨干一致认为'下一个目标为高年龄层和主妇层'"，这个报道与企业动向（竞品状况）有关。总而言之，这些报道被分为"市场动向""顾客""企业动向"三大范畴。

图 2-8-19

我们获取了哪些可以作为信息的内容呢？刚好，2002 年 3 月 6 日的《日经产业新闻》上有一则很好的报道，以此为例进行说明。

○试着写出信息

——在液晶屏幕上将文字放大显示的手机很受欢迎。

——手机的普及率超过 50%，新用户增长迟缓。

——显示大字体的手机不仅仅是中高年龄层使用，年轻人也认为"用起来方便"。

——各手机公司越来越向开发、销售倾注力量。

——手机商店将 J-Phone 能够显示大字体的手机贴上"等待上架至'简单手机（Simple Phone）'"的标牌。

——寻求"简单手机（Simple Phone）"的顾客中，约 10% 为年轻人。

——在"简单手机（Simple Phone）"按键上标上日语说明，彻底追求操作性。

——Kenwood 制造的"J-K31"以"快捷联系人功能"为特征，如果录入经常发送短信和通话的人的信息，只需按下按键，就能轻易通话。

——各手机公司发售使用方便的大字体手机。NTT DOCOMO 以"轻松手机"、KDDI 以"简单手机"这个名称销售。

——"轻松手机"的最新机种中，文字的大小约为其他机种的 2.5 倍，还具备自动朗读接收到的短信的功能。

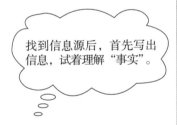

找到信息源后，首先写出信息，试着理解"事实"。

——KDDI 同机种的累计销售台数逼近 50 万台。

——KDDI 最新机种中，以日语形式将常规手机中没有的说明标识标注在按键上。

——修改厚厚的手册，只以较大的文字标注最低限度所需的内容，这种"简单手册"为其特征。

——J-Phone 的"简单手机（Simple Phone）"被评价为最具设计性的手机，畅销产品"J-K31"也大大受到年轻阶层的喜欢。

——移动电话（手机、小灵通）的市场规模自 2001 年后半期开始停滞不前。

——移动电话的国内出货量自去年 6 月份以后继续低于上一年，合同规定的增长率也趋于迟缓。

——2001 年的净增数量约为 890 万台，自有统计的 1996 年以来，首次逼近 900 万台。

——据业界预测，今年的净增数量将跌至 500 万台。

——各公司骨干一致认为"下一目标为高年龄层和主妇层"。

——至今为止，功能强的机种竞相向年轻阶层扩售。

——随着市场的成熟，畅销机种也分为两部分。

——简单和操作方便正在成为手机向新市场扩张的原动力。

> 写出信息后，接下来就是通过通用主题进行总括和整理。

资料来源：《日经产业新闻》（2002 年 3 月 6 日）

下面我们尝试对各个范畴进行概括，即"概括起来表达的是什么"。做这件事最困难。话不多说，下面就来展示汇总方法的示例。

首先是市场动向。也许可以像这样进行汇总："随着普及率的增加，扩张停滞，今后会大幅度减少。此外，畅销产品可能分成了两部分。"

其次是顾客的需求。也许它与市场也有关系，但是可以概括为"不仅限于中高年龄层，所谓的年轻阶层也在寻求手机的简单性与使用方便性"。

关于"企业动向"，大概可以说"在功能强的机种向年轻阶层扩大销路的基础上，操作性好的机种正在以全力面向高年龄层或者主妇层为目标"。

图 2-8-20

以通用项目总括并整理写出来的信息。通用项目的内容是怎样的呢？好像可以按照市场动向、顾客需求、企业动向进行总括。

市场动向

——手机的普及率超过 50%，新用户增长迟缓。

——移动电话（手机、小灵通）的市场规模自 2001 年后半期开始停滞不前。

——移动电话在日本国内的出货量自去年 6 月份以后持续低于上一年，合同规定的增长率也趋于迟缓。

——2001 年的净增数量约为 890 万台，自有统计的 1996 年以来，首次逼近 900 万台。

——据业界预测，今年的净增数量将跌至 500 万台。

——随着市场的成熟，畅销机种也分为两部分。

顾客需求

——在液晶屏幕上将文字放大显示的手机很受欢迎。

——显示大字体的手机不仅仅是中高年龄层使用，年轻人也认为"看起来方便"。

——手机商店将 J-Phone 能够显示大字体的手机贴上"等待上架至'简单手机（Simple Phone）'"的标牌。

——寻求"简单手机（Simple Phone）"的顾客中，约10%为年轻人。

——J-Phone 的"简单手机（Simple Phone）"被评价为最有设计感的手机，畅销产品"J-K31"也大大受到年轻阶层的欢迎。

——简单和操作方便正在成为手机向新市场扩张的原动力。

——KDDI 同机种的累计销售台数逼近 50 万台。

企业动向

——各手机公司纷纷将力量倾注于开发和销售操作性好的手机。

——各公司骨干一致认为"下一个目标为高年龄层和主妇层"。

——至今为止，高功能机种竞相向年轻阶层扩售。

——在"简单手机（Simple Phone）"按键上标上日语说明，彻底追求操作性。

———Kenwood 制造的"J-K31"以"快捷联系人功能"为特征，如果录入经常发送短信和通话的人的信息，只需按下按键，就能轻易通话。

———各手机公司发售使用方便的大字号的手机。NTT DOCOMO 以"轻松手机"、KDDI 以"简单手机"这个名称销售。

———在"轻松手机"的最新机种中，主打大字号的机种约为其他机种的 2.5 倍，还具备自动朗读接收到的短信的功能。

———KDDI 的最新机种，以日语形式将常规手机中没有的说明标识标注在了按键上。

———修改厚厚的手册，只以较大的文字标注最低限度所需的内容，这种"简单手册"为其特征。

资料来源:《日经产业新闻》（2002 年 3 月 6 日）

进一步概括这三点，大概可以说"随着手机普及率的增加，手机市场扩张趋于停滞。在这种现状下，企业可能试图通过将力量倾注于简单、使用方便等操作性好的手机，抓住新的顾客层"。如此大量存在的信息，也能够通过一个引导性信息传达出来。

图 2-8-21

那么，对于这类报纸的报道，如果汇总"概括起来表达的是什么"，会是什么情况呢？与迄今分析的统计数据相比，其为更新的信息。因此可知，状况大有改变。

○尝试"概括"

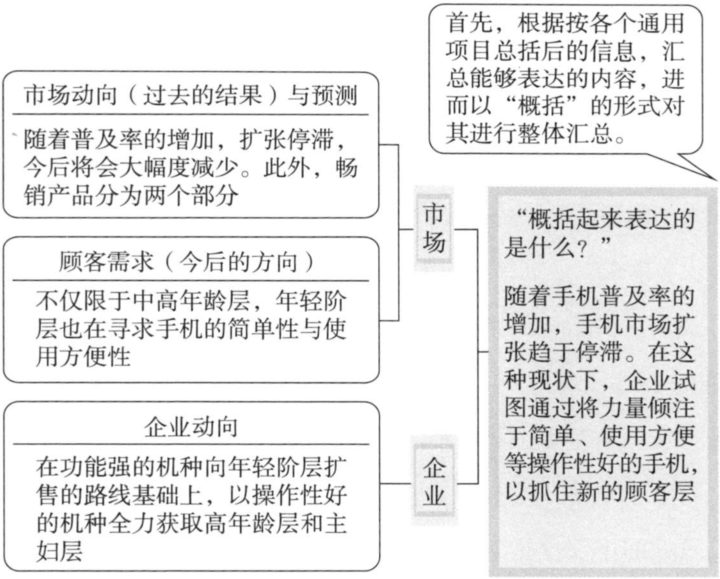

> 首先，根据按各个通用项目总括后的信息，汇总能够表达的内容，进而以"概括"的形式对其进行整体汇总。

市场动向（过去的结果）与预测

随着普及率的增加，扩张停滞，今后将会大幅度减少。此外，畅销产品分为两个部分

顾客需求（今后的方向）

不仅限于中高年龄层，年轻阶层也在寻求手机的简单性与使用方便性

企业动向

在功能强的机种向年轻阶层扩售的路线基础上，以操作性好的机种全力获取高年龄层和主妇层

市场

企业

"概括起来表达的是什么？"

随着手机普及率的增加，手机市场扩张趋于停滞。在这种现状下，企业试图通过将力量倾注于简单、使用方便等操作性好的手机，以抓住新的顾客层

资料来源：ForeSight & Company

　　下面，将通过搜索最近的报纸、杂志报道而搞清楚的信息，以及迄今制作的图表，全部汇总起来进行概括。虽然这是最困难的部分，但是我想，听到答案后，大家就会感叹："啊，原来如此！"因为

其正是向上司传达的引导性信息，在此引导性信息之后附上前文出现的图表即可。

关于市场的动向（整体的趋势），信息为"在高增长率条件下，市场持续增长至今，但是随着普及率的提升，新使用人数减少。今后的需求也会大大减少，也有可能跌破500万台"。如果在其中稍微加入强调的数据，也许会更好。

关于顾客，信息如下：

"年轻阶层的手机持有率很高，但是换新周期非常短。高年龄层整体上人数较多，而持有率较低，由此可知，其发展为新市场的可能性很大。此外，无论是年轻阶层还是高年龄层，除设计性之外，对操作性也有需求，如简单、使用方便等。"

最后，关于竞品状况，信息为"由于参与竞争的门槛较高和投资规模较大，市场上参与竞争的企业较少，各企业试图通过自己独特的服务与竞争对手拉开差距。而且将力量倾注于开发和销售操作性好（简单、使用方便）的手机上，试图全力应对高年龄层和主妇层的需求，而不仅仅是年轻阶层的需求"。将迄今表达的内容全部汇总后，应该能够进行这样的概括。

在这里不能忘记的是，当被上司问道"喂，我告诉过你用一天的时间去调查，你明白了些什么？"时，不能从细节说起。首先，按照下面的内容，简洁回答。

图 2-8-22

怎么样，能够顺利地向上司说明整体情况了吗？

那么，将迄今调查到的内容全部汇总起来吧。可以说出什么信息呢？

市场

在高增长率条件下，市场持续增长至今，但是随着普及率的提升，新使用人数减少。今后的需求也会大大减少，也有可能跌破500万台

汇总

随着普及率的增长，手机市场的增长趋于迟缓。在这种现状下，各企业通过提高投入增加了操作性好的手机，试图全力应对新顾客层的需求

顾客

年轻阶层的手机持有率很高，但是换新周期短。高年龄层的人数相对较多，但持有率较低。此外，无论是年轻阶层，还是高年龄层，除设计性之外，对操作性也有需求，如简单、使用方便等

竞品状况

由于参与竞争门槛较高和投资规模较大，市场上参与竞争的企业较少，各企业试图通过自己独特的服务拉开与竞争对手的差距。而且，将力量倾注于开发和销售操作性好（简单、使用方便）的手机，试图全力应对高年龄层和主妇层的需求，而不仅仅是年轻阶层的需求

资料来源：ForeSight & Company

"随着普及率的增加，手机市场的增长趋于迟缓。在这种现状下，各企业通过提高投入增加了操作性好的手机，试图全力应对新顾客层的需求。"当然，上司的反应应该会是："嗯……为什么会这么说呢？"在此阶段，只需概括市场动向、顾客的行动、竞品状况，并进行说明即可。此时，为了让上司进一步理解更加详细的内容，也需要提前准备图表。这样一来，堪称完美。

以上内容就是调查一个主题，并向他人传达其结果这项工作。读完这些内容，你会意外地发现其实很简单吧。但是，自己实际操作起来很困难。

迄今所做的事不过是解决问题时"绪论中的绪论"，但是扎实地掌握这些内容之后，大家的能力应该会有一个飞跃式的提升。大家就别再叹息公司的业绩差，选择走问题解决者之路吧。

培养解决问题的能力会让你受用一生。无论大家从事什么工作，走向世界的哪个角落，它都会发挥作用，它就是所谓的"商业武器"。作为对自己最大的投资，首先，希望大家参加《解决问题必备的技巧课程》，该课程中准备了60个类似于本书中收录的小组讨论问题。希望大家彻底锻炼。其次，希望大家务必认真学习，直至达到高水平。